# 파도는 어떻게 만들어지나요?

## 파도는 어떻게 만들어지나요?

_다양한 파도 발생장치의 원리와 활용

**초판 1쇄 발행** 2017년 12월 28일

**지은이** 오상호
**펴낸이** 이원중

**펴낸곳** 지성사 **출판등록일** 1993년 12월 9일 **등록번호** 제10-916호
**주소** (03408) 서울시 은평구 진흥로1길 4(역촌동 42-13) 2층
**전화** (02) 335-5494 **팩스** (02) 335-5496
**홈페이지** 지성사.한국 | www.jisungsa.co.kr **이메일** jisungsa@hanmail.net

ⓒ 오상호, 2017

ISBN 978-89-7889-346-6 (04400)
ISBN 978-89-7889-168-4 (세트)

이 도서의 국립중앙도서관 출판시도서목록(CIP)은 서지정보유통지원시스템
홈페이지(http://seoji.nl.go.kr)와 국가자료공동목록시스템(http:www.nl.go.kr/kolisnet)에서
이용하실 수 있습니다. (CIP제어번호:CIP2017034462)

# 파도는 어떻게 만들어지나요?

### 다양한 파도 발생장치의 원리와 활용

오상호 지음

지성사

# ■ 차례

바다의 표면은 파도로 끊임없이 흔들린다. 때론 부드럽게 일렁이고 때론 사납게 몰아친다. 그런데 파도가 바다에만 있는 건 아니다. 우리 주변에서도 다채로운 파도를 쉽게 찾아볼 수 있다. 물이 담긴 컵이 흔들릴 때도, 욕조에 몸을 담글 때도, 호수에 바람이 불 때도 파도가 생긴다.

자연에서 파도는 저절로 생겨난다. 반면에 사람은 특별한 목적을 가지고 일부러 파도를 만들기도 한다. 파도풀장에서는 해수욕장 분위기를 내기 위해 인공 파도를 만든다. 해외에는 파도타기를 즐기기 위한 전용 파도풀장도 있다. 한편, 해군이나 해양경찰은 해상 작전이나 인명구조에 대비한 실전 훈련을 위해 파도 발생장치를 이용한다.

연구자들은 파도의 높이와 길이를 원하는 대로 조절할 수 있는 더욱 정교한 파도 발생장치를 실험에 이용한다. 바닷가에 설치될 건물이나 구조물이 큰 파도가 몰려오더라도 안전하게 버틸지 알아보기 위해, 태풍이나 해저지진에 의해 높아진 바닷물이 육지를 덮칠 때 어디까지 물에 잠길지 가늠해보기 위해 수영장처럼 물이 담긴 수조에 축소 모형을 설치하고 파도를 쳐 본다. 이러한 실험을 통해 큰 파도나 해일의 위협으로부터 사람과 시설물을 안전하게 보호할 수 있는 방법을 찾는다.

최근에는 무한한 파도의 에너지를 이용하여 전기를 생산하는 장치를 개발하기 위해 전 세계적으로 많은 연구자와 기업가들이 노력을 기울이고 있다. 그런데 이러한 발전장치를 만들고 바다에서 운영하는 데에는 큰 비용이 든다. 그렇기 때문에 파도 발생장치를 이용한 실험을 통해 발전장치의 성능과 발전효율을 살펴보고 본격적인 투자 여부를 결정한다.

먼바다를 운항하는 대형 선박이나 깊은 바다의 땅속에서 석유를 끌어 올리는 해양플랜트도 한번 만들어지면 수십 년 이상 거친 바다에서 제 기능을 발휘해야 하므로 파도 발생장치를 이용한 실험이 필수적이다. 대규모 연어 양식장을 바다에 설치할 때도 파도 실험을 해서 양식장 구조물이 파도에 잘 견디는지 사전에 꼼꼼히 살펴본다.

이렇게 파도는 우리의 일상생활은 물론 바다에서 펼쳐지는 다양한 사회, 경제적 활동과 밀접한 관련을 맺고 있다. 따라서 파도를 잘 이해하고 효율적으로 활용하는 것이 중요하다. 그런 의미에서 지금껏 많은 이들이 무심히 바라봤던 파도에 대한 관심을 이 책이 불러일으킬 수 있다면 더할 나위 없이 좋겠다. 특히 바다 연구를 꿈꾸는 미래의 해양 과학자들에게 도움이 되기를 바란다.

여러 고마운 분들의 도움으로 이 책이 세상에 나오게 되었다. 이 지면을 빌려 한국해양과학기술원 연안공학연구본부 식구들, 특히 장세철 팀장님을 비롯한 수리실험팀에게 감사의 뜻을 표하고 싶다. 또한 수리실험에 관해 늘 아낌없는 가르침을 주시는 이달수 박사님께 깊이 감사드린다. 흔쾌히 감수를 맡아주신 서울대학교 건설환경종합연구소 서경덕 교수님과 귀한 사진을 책에 사용하도록 허락해준 국내·외 동료 연구자분들께도 감사드린다. 원고를 집필하는 동안 관심과 격려를 보내준 아내에게는 사랑과 감사의 마음을 전하고 싶다.

올 초여름 아버지께서 소천하신 후 한동안 허전했던 마음을 이 책을 쓰면서 달랠 수 있었다. 감사의 마음을 모두 담아 이 책을 아버지께 보내드리고 싶다.

자연이
만드는
파도

바다를 표현하는 말 중에 '거울처럼 잔잔한'이라는 말이 있
다. 하지만 이는 수식어일 뿐, 실제 거울처럼 표면이 매끈한
바다는 없다. 바람 한 점 없는 날에도 바닷가에 서면 발목을
찰싹이는 파도가 밀려오고, 깊고 넓은 바다 한복판에서도 바
다 표면은 항상 일렁이고 있다.

톰 행크스 주연의 영화 「캐스트 어웨이Cast Away」에는 무인
도에 표류하게 된 주인공이 섬 주변으로 끝없이 밀려오는 파
도를 넘어 탈출을 시도하는 장면이 나온다. 주인공이 온 힘
을 다해 헤엄쳐도 파도는 단 한 번의 움직임으로 가뿐하게
주인공을 제자리로 돌려놓는다. 몇 번을 시도해도 역부족이
어서, 기진맥진한 주인공은 결국 탈출을 포기하고 만다. 그

런 주인공을 안타깝게 지켜보면서 이런 의문이 든다. 왜 바다에는 파도가 있을까? 파도는 어떻게 그렇듯 쉼 없이 밀려올까? 성인 남자 정도는 가랑잎처럼 가볍게 움직이는 저 파도는 어디에서 만들어졌을까?

## 바람과 파도

파도는 바닷물의 움직임이다. 바닷물을 움직이는 요소는 여러 가지이다. 동물이나 물고기가 바다의 표면을 이동하거나, 잔잔한 바다에 돌을 던져도 바닷물은 움직인다. 이런 것들도 일종의 파도라 할 수 있다. 즉 에너지가 외부로부터 물의 표면에 전달되어 물 입자들을 움직이게 만드는 운동에너지가 만들어지는 것이다. '파도'라 부르는 움직임을 만드는 운동의 에너지원은 보통 바람이다.

파도 대부분은 바람이 만드는데, 한자로는 바람 풍(風) 자를 써서 '풍파(風波)'라고 한다. 우리를 둘러싼 공기는 지구 표면의 압력이 높은 곳에서 낮은 곳으로 끊임없이 움직인다. 이때 나타나는 현상이 바람이다.

바다에 바람이 불면 공기의 흐름이 바닷물을 밀어내어 잔물결이 생기는데, 바람이 계속 불면 잔물결이 점점 커져서

풍파의 발생 원리

파도가 만들어진다. 우리도 파도를 만들 수 있다. 물이 가득 담긴 그릇에 입으로 '후~' 하고 불면 이때 생긴 바람이 물 표면에 잔물결을 만든다. 그릇은 작고, 입으로 바람을 부는 시간도 몇 초 정도라 큰 파도는 생기지 않지만, 작은 그릇 대신 넓은 바다에, 입으로 부는 바람이 아니라 큰 바람이 오랫동안 불어오는 것을 상상해보자. 아마도 잔물결이 아닌 제법 큰 파도가 만들어진다는 것을 알 수 있을 것이다.

그보다 더 큰 바람, 예를 들어 태풍이 불 때 바다가 거친 이유는 무엇일까. 바다에 태풍(typhoon)이 생길 경우에는 매우 강한 바람이 며칠씩 지속되기 때문에 물결에 영향을 미치는 운동에너지가 크고 오래 간다. 이런 조건이 만들어지면 높이가 몇 미터나 되는 큰 파도가 생긴다.

우리는 보통 파도를 그릴 때 위로 볼록한 반원과 아래로 볼록한 반원이 계속 연결된 형태로 그린다. 이러한 형태에서 반원의 가장 높은 지점을 '마루'라고 하고, 가장 낮은 지점을 '골'이라고 한다. 파도의 마루와 골 사이의 수직선 길이를 재면 그것이 파도의 높이, 즉 '파고(波高, wave height)'가 된다.

한편, 파도의 길이는 '파장(波長, wave length)'이라고 하는데, 연달아 치는 파도에서 앞 파도의 마루와 뒤에 오는 파도의 마루, 또는 앞 파도의 골과 뒤에 오는 파도의 골 사이의 수평 거리를 재면 그것이 파도의 길이, 즉 파장이 된다. 파장을 재면 밀려오는 파도가 얼마의 길이마다 반복되는지 알 수 있다.

바닷가 높은 곳에서 밀려오는 파도를 보면 처음 파도와 그

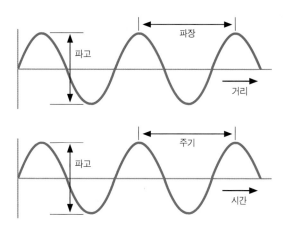

파고, 파장, 주기의 정의

뒤의 파도가 해안에 밀려들어올 때까지 얼마의 시간차가 있는 것을 알 수 있는데, 이를 파도가 반복되는 시간 간격, '주기(週期, wave period)'라고 한다. 비슷한 원리로 벽시계에 달린 추가 끊임없이 왕복운동을 할 때의 시간 간격도 주기라고 한다. 파도의 주기는 파도가 한 파장을 나아가는 데 걸리는 시간이라고도 할 수 있다. 그러면 파도가 이동하는 속도는 파장을 주기로 나눈 값이 되며, 이를 '파속(波速, wave celerity)'이라고 한다.

## 먼바다에서의 파도

세계기상기구(WMO: World Meteorological Organization)의 기록에 따르면 바다에서 관측된 파도 중 가장 높은 파도의 최대파고는 29.1미터에 이른다. 이는 아파트 1층의 높이가 대략 3미터이니 10층 높이에 해당된다. 이 파도는 2000년 2월 8일 영국의 해양조사선 RRS 디스커버리(Discovery)호가 기록한 것이다. 이날 저녁 10시경, 조사선은 스코틀랜드 서쪽 해안으로부터 250킬로미터 떨어진 해상에서 항해 중이었는데, 당시 순간풍속은 21m/s로 강풍이었다.

그때 이 배가 항해 중이었던 북대서양은 유난히 발달한 폭풍 때문에 서풍이 이틀 넘게 불고 있었는데, 폭풍의 이동속도가 파의 진행속도와 비슷해서 큰 파도가 발달하기 좋은 조건이었다. 이러한 조건에서는 일종의 공명(resonance) 현상이 일어나 강풍이 전달하는 에너지가 파도를 급속하게 발달시킨다. 놀이터에서 그네를 타고 있는 동생을 밀어줄 때 무턱대고 밀기보다 그네가 앞뒤로 흔들리는 주기에 맞추어 밀어주면 그네가 점점 더 높이 올라가는 것과 같은 이치이다.

이처럼 높은 파도를 정확히 관측할 수 있었던 것은 RRS 디스커버리호가 해양조사선이었기 때문이다. 해양조사선(Oceanographic research vessel)은 글자 그대로 바다를 탐사하고 연구하기 위해 만든 배를 가리킨다. 해양조사선에는 바다의 물리적, 화학적, 지구과학적, 생물학적인 다양한 현상을 관측하기 위한 특수한 장비와 센서들이 탑재되어 있다. RRS 디스커버리호에도 파도의 높이를 정확하게 측정할 수 있는 특수 장비가 탑재되어 있었는데, 배가 파도에 부딪치면서 위아래로, 좌우로 흔들릴 때 느끼는 가속도를 측정하는 센서와, 배 바닥에서의 표면압력을 측정하는 센서에서 얻은 정보로 파도의 높이, 즉 파고를 정확하게 측정할 수 있었다.

배가 없어도 파도의 높이를 측정할 수 있다. 파고계라는 장

부유식 파고계(출처: Wikipedia by KenWalker)

치를 이용하면 된다. 파고계에도 여러 종류가 있는데 수심이 깊은 먼바다에서 파고를 측정할 때는 보통 부이(buoy)라는 부유식 파고계를 이용한다. 부이는 바다 표면에 떠서 파도의 움직임에 따라 움직인다. 부이에도 가속도계와 압력계 등의 센서가 부착되어 있어서 이 센서에서 얻은 정보를 이용해서 파고를 계측할 수 있다.

세계기상기구 기록에 따르면 부이로 관측한 최대파고는 약 27.5미터로, 2013년 2월 4일 새벽에 영국 기상청이 북대서양에서 운영하는 해양관측 부이에서 관측되었다. 앞서 해양조사선에서 관측한 최대파고의 위치와 비슷한 해역에서 관측었고, 파고의 크기도 거의 비슷한 수준이다.

세계기상기구의 공식 인정을 받지는 못했지만 30미터가 넘는 파도가 관측된 사례도 있었다. 미 해군의 전함 라마포(USS Ramapo)는 1933년 2월 필리핀 마닐라(Manila)에서 출항하여 태평양을 가로질러 미 서부 해안의 샌디에이고(San Diego)로 항해하던 중 34미터에 달하는 거대한 파도를 만났다. 또 영화 「퍼펙트 스톰The Perfect Storm」의 소재가 된 파도는 1991년 10월 미국과 캐나다 동부 해안을 강타한 폭풍 때 발생한 것으로, 당시 캐나다 노바스코샤(Nova Scotia) 앞바다에 설치된 부이에서 30.7미터의 파고 관측이 보고되기도 했다. 어쩌면 바다에서는 이보다 더 큰 파도가 생겼을 수도 있다. 그러나 항해 중에 이렇게 큰 파도를 마주쳤다면 그 배가 안전하게 귀항하기는 어려웠을 것이다. 마찬가지로 이렇게 큰 파도에 부딪치면 부이도 고장 나거나 파손될 확률이 높아 파고 관측은 제대로 이루어지기가 어렵다.

## 해변에서의 파도

먼바다에서만 큰 파도가 관측되는 것은 아니다. 육지에서 가까운 바다를 연안(沿岸)이라고 하는데 연안에서도 큰 파도가 관측된다. 먼바다에 비해 연안 지역의 바다는 상대적으로 깊지 않다. 먼바다에서 육지에 가까워질수록 해저면은 완만하거나 가파르게 상승하여 바다의 수심은 점점 얕아진다. 먼바다에서 만들어진 파도가 육지 쪽으로 이동하게 되면 파도는 높아진 해저면과 맞닥뜨리게 되고, 그 마찰로 파도가 가지고 있는 에너지의 일부를 잃는다.

그렇지만 마찰로 잃는 에너지양은 상대적으로 그리 많지 않고 상당 부분의 에너지는 여전히 육지로 향하게 된다. 오히려 수심이 얕아지면서 에너지의 전파 속도가 줄어들기 때문에 에너지의 수송량(flux)을 보존하기 위해 에너지의 밀도가 증가하게 된다. 그 결과로 수심이 얕아질수록 파도의 높이, 즉 파고는 더 커지게 된다. 그렇지만 수심이 너무 얕아지면 파도가 부서지면서 다시 작아져 마침내 소멸하고 만다. 이렇듯 수심이 깊은 먼바다에서 만들어진 파도는 육지 쪽에 가까워지면서 해저면과 맞닿아 파고가 높아졌다가, 어느 한계에 도달하면 급속하게 줄어들어 소멸하면서 긴 여정을 마

**나자레 파도타기 장면**(출처: Wikipedia by Luis Ascenso)

감한다.

포르투갈 서쪽 해안에 위치한 작은 어촌 마을인 나자레 (Nazare)는 해안가에 유별나게 큰 파도가 출현하는 것으로 유명하다. 덕분에 이곳에서는 매년 겨울에 파도타기 대회가 열려 전 세계에서 내로라하는 프로 파도타기 선수들이 가장 높은 파도타기 기록을 남기기 위해 몰려든다. 길이 2미터 남짓한 얇은 판을 탄 선수들이 약 30미터에 달하는 가파른 물벽을 마치 스키 타듯 미끄러져 내려오는 모습은 공포와 흥분이 뒤섞인 감정을 전해준다.

나자레 해안가에서 이렇게 유난히 큰 파도가 생기는 이유는 나자레 앞바다에 깊은 해저 협곡(canyon)이 있기 때문이다. 긴 막대기를 땅에 꽂아서 한쪽으로 길게 파낸 것처럼 나자레 앞바다의 해저는 주변보다 훨씬 깊게 파여 있다. 먼바다에서 만들어진 파도는 그 에너지를 거의 잃지 않은 채 바닷속 협곡 사이로 난 길을 따라서 나자레항 앞까지 진행해오다 갑자기 절벽처럼 수심이 얕아진 나자레항 입구에서 거대한 에너지를 수면 위쪽으로 내뿜는데, 마치 물로 만들어진 거대한 산이 솟아오르는 것처럼 보인다. 이 장관을 보기 위해서 수많은 여행자들이 이곳을 찾으며, 특히 최근에는 세계 제일의 파도타기 명소로 자리를 잡아가고 있다.

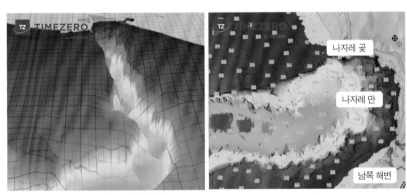

나자레 협곡 해저지형(MaxSea TIMEZERO 컴퓨터 그래픽 이미지)

이 정도로 큰 파도는 아니지만 우리나라 연안에서도 제법 큰 파도가 몰려올 때가 있다. 여름철 적도 부근에서 만들어진 강한 태풍이 우리나라에 접근하면 남해안 지역에서는 아파트 5층 높이 정도인 15미터에 육박하는 큰 파도가 만들어질 수 있다. 2003년 태풍 매미가 남해안에 상륙했을 때 마산에서 관측된 유의파고(특정 시간 동안 발생하는 모든 파고 중 높은 순서로 3분의 1에 해당하는 파고의 평균 높이를 말함)는 11미터였고, 최대파고는 15미터였다. 또한 겨울철에는 동해에서 큰 파도가 나타나는데, 이는 동해 먼바다에서 저기압이 발달하여 우리나라 동해안 쪽으로 강한 바람이 불어 큰 파도가 생기기 때문이다. 현재까지 우리나라 동해안에서 관측된 가장 큰 파도는 2006년 10월 속초에서 관측된 파도로 유의파고 9.7미터를 기록했으며, 이때의 최대파고는 14미터 정도로 추정된다.

## 파도의 소멸

앞서 이야기한 것처럼 수심이 점점 얕아지면 파고가 점점 커지며, 마루 부분이 뾰족해지면서 앞으로 쏠리게 되고, 마침내 그 한계에 도달하면서 결국 부서져 내린다. 여름철 해수욕장에서 바다를 바라보면 멀리서 봉긋하게 보이던 파도가 해변에 가까워지면서 점차 뾰족한 삼각형 형태로 변하고, 마침내 파도 꼭대기 부근에서 하얀 거품을 만들면서 복잡한 형태로 부서지는 것을 볼 수 있다. 바람에 의해 탄생한 파도가 긴 여정을 마치고 마침내 소멸하게 되는 것이다. 이렇게 파도가 부서지고 깨지는 현상을 깨뜨릴 쇄(碎) 자를 쓴 쇄파(碎波, wave breaking)라고 한다.

파도가 부서질 때 하얀 거품이 생기는 이유는 공기와 물이 섞이기 때문이다. 파도가 부서지는 모습을 자세히 보면 파도의 맨 꼭대기에 있는 물이 파도 앞쪽의 수표면으로 떨어지면서 들어가는 것을 볼 수 있다. 이 과정에서 주변에 있는 공기도 함께 끌려 들어가기 때문에 부서지는 파도에 거품이 생기는 것이다. 물이 담긴 욕조에 물을 받을 때 물이 떨어지는 주변에 순간적으로 거품이 생기는 것도 공기가 함께 빨려 들어가기 때문이다.

파도는 부서지면서 에너지를 점차 잃게 된다. 밀려오는 파도는 지속적으로 쇄파가 발생하면서 에너지를 계속 잃게 되고, 파고도 조금씩 작아지면서 마침내 모든 에너지를 잃는다. 에너지를 잃은 파도에서 남은 것은 해변을 따라 위쪽 방향으로 향하는 흐름뿐이다. 해변에 도달하기 전부터 부서지기 시작한 파도는 해변에 도달하는 순간 소멸하고, 남은 에너지는 모두 흐름으로 바뀌어 모래사장을 타고 올라가는 것이다.

## 지진해일

바람만이 파도를 만드는 것은 아니다. 바람이 없어도 외부에서 온 에너지원이 바다 표면에 전달되면 파도가 만들어질수 있다. 바람이 불지 않는 고요한 호수에 돌멩이를 던져 넣으면 동심원을 그리며 파도가 퍼져나간다. 돌멩이가 물속으로 들어가면서 그 부피만큼 물을 밀어내기 때문에 파도가 만들어지는 것이다. 선박이 항해할 때에도 비슷한 원리로 파도가 생긴다. 배는 앞으로 나아가면서 물속에 잠긴 배의 부피만큼 물을 옆으로 밀어내어 파도를 만드는데, 이러한 파도를 선박이 항해하여 생긴 파도라는 의미로 항주파(航走波), 영어로는 ship-generated wave라고 한다. 배뿐만 아니라 수면에서 발을 저어 앞으로 나아가는 오리도 비슷한 파도를 만들어낼 수 있다.

한편, 해저에서 지진이 발생하거나 화산 폭발이 일어나도

오리가 만드는 파도

파도가 만들어질 수 있다. 지진 또는 화산 폭발이 일어난 위치가 바다 밑 땅속이라면 그 위쪽의 바닷물은 해저로부터 전달되는 에너지로 인해 갑자기 크게 움직이게 되고, 순간적인 위치에너지의 변화는 곧 파도의 형태로 주변으로 퍼져나간다. 이러한 형태의 파도가 지진해일 또는 쓰나미(진파津波)이다. 해일(海溢)이란 '바닷물이 넘친다'는 뜻이고, 쓰나미는 일본어인데 문자 그대로는 '나루(진津)의 파도'라는 뜻이지만, 현재는 지진해일을 뜻하는 고유명사로 쓰인다.

그렇다면 지진해일이나 쓰나미는 왜 파도라고 부르지 않고

따로 이름이 있을까? 바람에 의해 만들어지는 파도는 수 초에서 수십 초 간격(주기)으로 반복해서 나타나지만, 지진해일은 주기가 수 분에서 수십 분으로 매우 길기 때문에 파도처럼 보이지 않는다. 또한 바람에 의해 만들어진 파도는 계속 출렁이며 반복해서 해안으로 밀려오지만, 해일은 순간적으로 일어나는 지진의 힘으로 생기는 파도이기 때문에 한 번 또는 몇 번만 해안으로 밀려온다. 그래서 이러한 종류의 파도를 혼자 서 있는 파도, 즉 고립파(孤立波, solitary wave)라고도 한다. 하지만 해저지진이 발생하더라도 지진해일이 늘 일어나는 것은 아니다. 지진의 규모, 즉 진도(震度)가 크지 않거나 지진이 일어난 곳인 진원(震源)이 너무 깊으면 위치에너지가 약해 수면에 닿기 전에 사라져 지진해일이 생기지 않는다.

바람이 불어서 만들어지는 파도와는 달리 지진해일은 언제 발생할지 예측하기 어렵다. 언제 해저지진이 발생할지 미리 알기가 어렵기 때문이다. 태풍이 우리나라로 오면 기상청에서 태풍의 경로와 세기 등을 미리 알려준다. 날씨 예보처럼 태풍의 진행 상황을 예상해볼 수 있기 때문이다. 그렇지만 해저지진은 언제 어느 순간에 일어날지 미리 아는 것이 불가능하다. 최선의 방법은 해저지진이 발생하자마자 알아내어,

• 해저지진 발생 직전 : 서로 다른 해저 지각의 경계면에 압력이 높아짐

• 해저지진 발생 직후의 수면 상태

• 지진에 의해 만들어진 파도가 퍼짐

• 지진해일이 해안에 도착

• 지진해일이 해안 안쪽으로 침투

**지진해일의 발생 원리**

해저지진으로 인해 지진해일이 발생할 것이라고 예상되면 신속하게 경보를 발령하여 사람들이 대피할 수 있도록 하는 것이다. 지진해일은 발생 후 짧으면 수분, 길어도 수십 분 이내에 육지로 밀어닥치기 때문이다.

이렇게 지진이 발생하는 것을 감지하는 장치를 지진계라고 하는데, 24시간 땅의 흔들림을 기록하는 장치이다. 평상시에는 땅이 흔들리지 않기 때문에 지진계에 진동이 기록되지 않는다. 그러나 지진이 발생하면 지진에너지가 땅속을 통해 파동으로 전달되어 지진계에도 그러한 진동이 기록되기 때문에 지진 발생 여부를 감지해낼 수 있다.

이처럼 지진, 그리고 그에 의한 지진해일의 발생을 미리 알 수 없기에 지진해일이 발생하면 큰 피해가 발생한다. 더구나 지진해일은 앞서 설명한 것처럼 파도에 비해 주기가 길어서 잠재된 에너지가 많고 위력이 크기 때문에 대규모 피해로 이어진다. 2004년 12월 26일 인도네시아 수마트라(Sumatra) 섬 서쪽 해안에서 발생한 대규모 지진으로 아체(Aceh) 지역에서는 15미터가 넘는 기록적인 지진해일이 발생했다. 이 지진해일로 인한 사망자는 약 25만 명으로 추정된다. 보다 최근인 2011년 3월 11일에는 일본 북동부 도호쿠(東北) 지방 앞바다에서 해저지진이 발생하여 약 10미터 정도의 지진해일이 일어났고, 약 2만 명에 가까운 사람들이 사망했거나 실종됐다.

이렇듯 10미터의 지진해일과 10미터의 파도는 큰 차이가 있다. 우리가 바닷가에서 보는 일반적인 파도는 주기가

❶ 해저 바닥에 놓인 센서가 지진해일 발생에 의한 수압 변화를 감지한다.

❷ 가까운 부이로 음향 신호가 전송된다.

❸ 부이로부터 위성으로 신호가 전달된다.

❹ 지상기지국에서 신호를 받아 지진해일 경보를 발령한다.

**지진해일 경보 시스템 개요**

5~15초 정도인 반면, 지진해일은 10~30분 정도이다. 즉 지속시간이 100배 이상 차이가 난다고 할 수 있다. 파도의 높이가 10미터라면 엄청나게 큰 파도이기는 하지만 지속시간이 짧기 때문에 해안가 주변에만 영향을 미칠 뿐이므로, 육지 쪽으로 대피해서 파도를 직접 맞지만 않으면 피해는 거의 없다.

반면에 10미터의 지진해일이란 10미터 높이의 물벽이 10~30분간 계속해서 육지 쪽으로 밀려들어오는 것이다. 실제로 동일본 대지진 당시 센다이 지역에서는 지진해일이 내륙 안쪽으로 10킬로미터까지 침투했다. 그렇기 때문에 지진해일을 피해 도망치는 것이 쉽지 않고 만일 눈으로 목격했다면 이미 생명이 위태로웠을 것이다.

지진이 일어나지 않아도 해일이 발생하는 경우도 있다. 바다에 맞닿은 곳의 산에서 큰 산사태가 발생하여 그 부산물이 순식간에 바다로 흘러내리거나, 극지방에서 빙하의 일부가 분리되어 바다로 떨어질 때가 그렇다. 부산물로 인해 바닷물이 갑작스럽게 움직이기 때문이다. 높은 곳에서 수영장 표면에 커다란 바위를 떨어뜨렸다고 상상해보자. 바위가 떨어진 주변의 물이 커다랗게 솟구치며 수영장 전체에 그 물의 흐름

바다로 떨어지는 빙하

이 영향을 미칠 것이다. 이처럼 산사태의 규모나 빙하의 부피가 크고, 수면에 부딪치는 속도가 빠를수록 큰 해일이 발생한다.

영화 「딥 임팩트Deep Impact」를 보면 혜성이 지구와 충돌하여 거대한 해일이 발생하는 가상의 시나리오가 등장한다. 그럴 가능성은 거의 없겠지만 만약 혜성이 바다에 떨어진다면 그로 인해 발생하는 해일은 산사태나 빙하가 떨어질 때와는 비교할 수 없을 정도로 클 것이고, 인류의 생존까지 위협하리란 것을 상상해볼 수 있을 것이다.

사람이
만드는
파도

자연의 바다에서는 이렇게 다양한 파도가 만들어진다. 우리가 알고 있는 파도에 대한 기본적인 지식은 배를 만들어 바다를 항해한 뱃사람들의 관찰과 경험이 고대시대부터 축적되어 쌓여온 것이다. 그렇지만 보다 학문적이고 체계적인 지식은 수많은 과학자들이 파도가 발생하고 전파되며 소멸하는 과정을 자세히 관찰하고, 실험하고, 이론적인 연구를 통하여 얻어낸 것이다.

특히 실험실에서 실제 바다와 비슷한 파도를 만들어보려는 노력은 1900년대 초부터 이루어졌다. 인공으로 만들 수 있는 파도에 대한 기본 이론은 1929년 영국의 해브록(Havelock) 교수의 연구에서 출발했다. 그 이후 1930년대부터는 유럽과 미

국의 몇몇 대학과 연구소에 파도 발생장치가 실제로 만들어
지게 되었다.

## 파도를 만드는 장치

이렇게 바다가 아닌 곳에서 사람이 특별한 목적으로 만드
는 파도 발생장치를 조파기(造波機, wave maker)라고 한다. 한
자 뜻 그대로 조파기는 '파도를 만드는 기계'이다. 그리고 조
파기를 이용해서 파도를 만들 수 있는 시설을 조파수조라고
한다. 수조(水槽, wave tank)란 목욕탕처럼 물을 담은 큰 통을
말한다. 그러니까 조파수조란 파도를 만드는 기계가 들어 있
는 목욕탕 같은 통이라고 생각하면 된다. 우리가 목욕탕에
앉아서 손으로 물을 마구 휘저어도 파도는 만들어지지만 그
파도의 모양과 크기는 제각각이다. 우리가 만들고 싶어 하는
어떤 모양의 파도를 만들기 위해서는 정교한 움직임으로 작
동하는 조파기가 필요하다.

그런데 과학자들은 왜 조파수조를 만들어서 실험실에서 인
공 바다를 재현해보려고 했을까? 그 이유는 무엇보다도 조파
수조에서는 언제든지 원하는 파도를 만들 수 있기 때문이다.
날씨를 원하는 대로 바꿀 수 없는 것처럼 바다에서의 파도를

우리 마음대로 변화시킬 수는 없다. 그리고 바다에서 만들어지는 파도는 여러 현상이 복잡하게 섞여 있기 때문에 파도의 원리나 특성을 알기가 어렵다. 반면에 실험실에서는 조파기를 정밀하게 작동해서 파도의 높이나 길이를 자유자재로 조절할 수 있다.

또 다른 이유는 실제 바다에서 파도를 관측하는 것이 때론 매우 위험하기 때문이다. 과학자들이 관심을 갖는 파도는 날씨 좋은 날 바다에서 볼 수 있는 잔물결보다는 날씨가 궂은 날 볼 수 있는 큰 파도인데, 이렇게 몇 미터 높이의 파도를 배 위에서나 해안가에서 관측하는 것은 생명을 위협하는 일이 될 수 있다. 설령 연구를 위해서 위험을 무릅쓰고 파도 관측을 한다고 하더라도 여러 사람이 많은 관측장비들을 가지고 오랜 기간 동안 관측을 해야 하기 때문에 비용이 많이 든다. 조파수조는 바다에서 겪게 되는 이러한 어려움들을 해결할 수 있는 좋은 연구 환경을 제공해준다.

그렇다고 해서 조파수조만 있으면 모든 문제가 해결되는 것은 아니다. 조파수조에서 만들어지는 파도는 실제 바다에서 만들어지는 파도와는 분명한 차이점이 있다. 우선 조파수조에서는 보통 민물을 사용한다. 바다에서처럼 소금기가 있는 물을 사용하면 조파수조의 기계장치 등에 부식이 발생할 수 있기 때문이다. 보통 바닷물의 비중은 민물에 비해 3~3.5 퍼센트 정도가 높다. 따라서 조파수조에서 실제 바다와 동일한 높이와 길이의 파도를 만들더라도 그 파도의 무게는 바다에서의 파도에 비해 3~3.5퍼센트 가볍다.

또한 만들 수 있는 파도의 크기에 한계가 있다. 바다에서 관측된 최대파고인 30미터에 육박하는 엄청나게 큰 파도를 만드는 것은 불가능하다. 독일이나 네덜란드, 일본 등에는 초대형 조파수조가 있는데 여기에서 만들 수 있는 최대파고도 3~3.5미터 수준이다. 초대형 조파수조의 길이는 200~300미터 정도로 엄청나게 길고, 한쪽 끝에서 다른 쪽 끝까지 걸어가는 데에만 몇 분이 걸린다. 하지만 이렇게 큰 조파수조는 전 세계에서 몇 개 되지 않고, 일반적으로 연구나 실험에 많이 사용하는 조파수조에서 만들 수 있는 최대파고의 높이는 대개 수십 센티미터 정도이다.

## 물을 밀어서 파도 만들기

가장 쉽게 생각할 수 있는 파도 만들기 방법은 얇은 판으로 물을 밀어내는 것이다. 목욕탕에서 손바닥으로 물을 앞으로 밀면 파도가 생기는 것처럼, 같은 원리로 파도를 만드는 데 손바닥 대신 판을 이용한다고 생각하면 된다. 여기서 파도를 만드는 데 쓰이는 판을 조파판(造波板)이라고 한다. 이 판이 어떻게 움직이는지에 따라서 모양과 특성이 다른 파도를 만들 수 있다. 조파판이 앞뒤로 움직이는 거리나 속도를 조절하면 원하는 파도의 높이와 길이의 파도를 만들 수 있다. 조파판이 이동하는 거리가 길수록 물을 더 많이 밀어내기 때문에 파도의 높이는 높아지고, 조파판의 속도가 느릴수록 주기가 더 긴 파도가 만들어진다. 그러면 파도의 길이도 더 길어진다.

조파판을 똑바로 세워서 앞뒤로 움직이면 수조에 담긴 물도 수평 방향으로 앞뒤로 움직이게 된다. 마치 자전거 공기주입기의 손잡이를 아래위로 움직여 직선운동시키는 것과 유사한 원리이다. 이렇게 직선운동하는 기계장치를 피스톤(piston)이라고 부르며, 이렇게 파도를 만드는 장치를 피스톤식 조파기라고 한다. 피스톤식 조파기에 의해 만들어지는 파도 아래에서의 물은 앞뒤로 왕복운동을 하게 되는데, 이러한 특성은 비교적 수심이 얕은 해안가에서의 파도 특성에 해당한다.

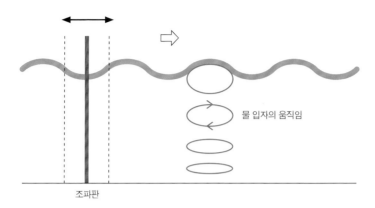

물 입자의 움직임

조파판

피스톤 방식의 파도 발생장치 원리

피스톤 방식의 조파장치(한국해양과학기술원)

거꾸로 매단 회중시계의 진자처럼 또는 메트로놈처럼 조파판을 앞뒤로 움직여서 파도를 만드는 것도 가능하다. 팔씨름을 할 때 팔꿈치를 바닥에 붙이고 팔을 앞뒤로 움직이는 모습을 상상해도 좋다. 이렇게 조파판을 움직이면 조파판의 위쪽으로 올라갈수록 점점 앞뒤로 흔들리는 거리가 늘어나게 된다. 이러한 방식으로 파도를 만드는 장치를 플랩(flap) 식 조파기라고 한다. 영어 flap은 '펄럭이다' '날개를 퍼덕거리다'라는 의미인데, 새가 날갯짓을 할 때에도 날개가 시작되는 부분은 몸통에 붙어서 움직임이 없고 날개 끝 쪽으로 갈수록 움직임이 커지기 때문에 같은 원리라고 할 수 있다.

플랩식 조파기로 수조 안의 물을 밀어내면 수면 근처의 수심이 얕은 곳에서는 물을 많이 밀어내게 되고, 수조 바닥을 향해 수심이 깊어질수록 물을 더 적게 밀어내게 된다. 따라서 수면 근처의 물 입자의 움직임이 더 크고, 수조 바닥 근처의 물 입자의 움직임은 더 작다. 이러한 형태의 파도는 수심이 깊은 대양에서의 파도 특성에 해당하기 때문에 이런 파도 특성을 연구하는 실험이 필요할 때는 플랩 방식 조파기를 설치한다.

한편, 얇은 판 대신 거꾸로 뒤집어진 삼각형 형태의 물체를

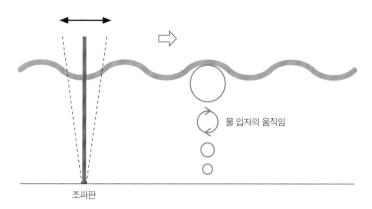

물 입자의 움직임

조파판

플랩 방식의 파도 발생장치 원리

플랩 방식의 조파장치

수면 바로 위쪽에 설치하고 아래 방향으로 움직여서 물속으로 집어넣었다가, 다시 위로 움직여 물 밖으로 빼내는 방식으로도 파도를 만들 수 있다. 이러한 방식의 조파기를 웨지(wedge)형 조파기라고 한다. 삼각형 형태의 물체가 쐐기 모양이기 때문에 붙인 이름이다. 피스톤식과 플랩식 조파기는 조

▲▶ 웨지 방식의 조파장치
(위: 국립과천과학관, 아래: 한
국과학기술원(KAIST))

파판이 수평 방향으로 앞뒤로 움직이는 방식이라면, 웨지형 조파기는 조파판을 연직 방향으로 위아래로 움직인다. 웨지 방식도 수면 근처의 물을 상대적으로 더 많이 밀어내기 때문에 플랩 방식과 비슷하게 깊은 바다에서의 파도를 재현할 때 사용한다.

한국해양과학기술원(KIOST)에는 피스톤식 조파 방식의 조파수조가 있다. 이 조파수조는 1989년에 만들어져 여러 실험에 사용되었다. 그중 가장 대표적인 사례는 방파제를 비롯한 항만구조물의 설계를 위한 사용이었다.

한국해양과학기술원의 조파수조 실험 전경

방파제(防波堤)란 파도를 막는 둑을 의미하며 항구를 안전하게 보호하는 역할을 한다. 항구는 배가 안전하게 드나들고 사람이나 짐을 싣고 내리는 장소인데, 만약 큰 파도가 항구를 덮치면 항구의 여러 시설들이 파도 때문에 물에 잠기거나 부서질 수 있다.

그래서 항구 바깥쪽 해저 바닥에서부터 둑을 쌓아올려 방파제를 만들어 큰 파도가 오더라도 항구 안쪽까지는 못 들어오도록 한다. 물론 섬으로 둘러싸여 있어서 방파제가 없어도 큰 파도가 직접 들어오지 못하는 자연 항구도 있다. 그렇지만 대부분의 항구에는 부분적으로라도 파도를 막기 위한 방파제가 있다. 미국 캘리포니아 주 로스앤젤레스 남쪽에 위치한 롱비치(Long beach)항은 파도에 직접 노출되는 곳에 항구를 만들었기 때문에 항구 바깥쪽으로 긴 방파제가 있다. 이를 하늘에서 내려다보면 바다 위에 길게 선을 그어 바다를 양쪽으로 나눠놓은 것처럼 보인다. 그래서 방파제를 영어로는 breakwater라고 한다. 말 그대로 물을 쪼갠 것이 방파제인 셈이다.

방파제는 물 밖에서 보면 수면 위에 나와 있는 부분만 보이는데, 실제로는 물속에 잠겨 해저 바닥까지 차지하는 부피가

하늘에서 내려다본 미국의 롱비치항(출처: Wikipedia by Hyfen)

훨씬 크다. 마치 빙산이 수면 위에 드러난 부분보다 물속에 가라앉아 있는 부분이 더 큰 것과 비슷하다. 이렇게 방파제가 해저면부터 수면 위까지 막고 있기 때문에 큰 파도가 와서 세게 부딪치더라도 방파제를 넘어서 항구 안쪽으로 더 진행되지 못하고 부서지거나 항구 바깥쪽으로 되돌아가게 된다.

그런데 만약 큰 파도가 닥쳐왔을 때 방파제가 무너져버린다면 어떻게 될까? 파도가 방파제의 무너진 틈을 타고 직접 항구 안쪽까지 들이쳐서 막대한 인명과 재산 피해가 생길 것이다. 그렇기 때문에 튼튼한 방파제를 만들어야 하고, 건설하기 전에 계획을 잘 세워야 한다.

어떤 물건을 만들기 전에 그것을 만드는 데 필요한 계획을 미리 세워보는 일을 설계(設計) 또는 디자인(design)이라고 한다. 간단한 도구나 기계장치는 설계를 한 다음 실제로 그 제품을 한두 개 정도 만들어보면 계획이 잘 세워졌는지, 고칠 점은 없는지를 점검해볼 수 있다. 그러나 방파제는 워낙 거대한 구조물이기 때문에 이렇게 사전에 시험 삼아 물건을 만들어볼 수 없다. 그렇지만 조파수조가 있으면 방파제의 축소모형을 만들어서 파도에 방파제가 잘 견디는지를 미리 실험해볼 수 있다.

**단면 조파수조**

다음 사진은 방파제의 단면을 조파수조에서 재현하여 실험하는 장면을 보여준다. 단면(斷面)이라는 말은 물체가 잘린 면을 의미한다. 김밥을 자르기 전에는 김밖에 보이지 않아 안에 어떤 재료들이 들어 있는지 알 수 없지만, 잘라서 단면을 들여다보면 어떤 색깔과 모양의 재료들이 어떻게 배치되어 있는지 알 수 있는 것처럼 방파제도 단면을 잘라서 보면 내부의 형태나 구조가 드러난다. 김밥의 어디를 잘라도 그 단면이

단면 조파수조 실험 사례(해수교환방파제 안정성 평가)

크게 다르지 않듯이, 방파제도 길지만 단면의 형태는 바뀌지 않기 때문에 전체 방파제를 모두 만들지 않고 일정한 폭 부분만 잘라서 단면 모형을 만드는 것이다. 이렇게 방파제 또는 바다에 설치되는 구조물의 단면을 대상으로 실험을 하는 조파수조를 특별히 단면 조파수조(wave flume)라고 한다.

영어 flume의 뜻은 홈통과 같은 형태의 폭이 좁고 긴 인공 수로를 의미한다. 단면 조파수조는 위에서 내려다봤을 때 길이가 짧은 변과 긴 변이 있는 형태이다. 일정한 폭의 단면만 재현하면 되기 때문에 한쪽 변은 길이가 길 필요가 없다. 대신 다른 쪽 변의 길이는 조파판에서 만들어진 파도가 충분히 진행될 수 있도록 어느 정도 길 필요가 있다.

이처럼 단면 조파수조에서는 폭 방향의 물리적 현상 변화가 제한되기 때문에 파 진행 방향과 연직 방향의 두 가지 방향의 물리적 현상 변화만이 나타나게 된다. 이는 어떻게 보면 우리가 인식하는 3차원 공간의 한쪽 방향을 압축하거나 잘라서 2차원 면만을 관찰하는 것이라고 할 수 있다. 이러한 특징 때문에 단면 조파수조를 2차원 조파수조라고 부르기도 한다.

실제 바다에서는 이렇게 2차원적인 파도는 존재할 수 없겠지만 실험실에서는 가능하다. 말하자면 관심 있는 대상 또는 물리적 현상을 보기 위해 그것과 관련이 없거나 중요하지 않은 측면은 과감하게 생략하거나 무시하는 것이다. 조파수조에서 이루어지는 실험뿐만 아니라 화학 실험, 기계장치 실험, 미생물 실험 등 대부분의 실험에서는 이런 식의 제한 또는 제약이 있는 경우가 많다. 자연계에 존재하는 여러 복잡한 현상의 원리를 이해하기 위해서는 관심이 있거나 중요한 요소를 제외한 나머지 현상들이 영향을 미치지 않게 조절하거나 제어할 필요가 있기 때문이다. 그래서 실험을 '자연에 대한 고문'이라고 말하기도 한다.

단면 조파수조에서는 방파제나 해안에 설치되는 블록이 파도에 대해 안전한지를 살펴보는 경우가 많다. 바닷가에 가보면 흔히 '사발이'라고 부르는 콘크리트 블록을 볼 수 있다. 이 콘크리트 블록은 긴 원통형 다리 네 개가 중앙에서부터 마치 바깥쪽 방향의 꼭짓점을 향해서 뻗어나간 형태이다. 이 네 개의 다리는 서로 이루는 각도가 같기 때문에 어느 방향에서 봐도 모양이 같다. 이 블록을 영어로는 테트라포드(tetrapod)라고 하며, 테트라(tetra)는 4를 의미하고, 포드(pod)는 손이나 발을 의미한다. 의미 그대로 다리가 네 개인 블록이다.

테트라포드는 1950년에 프랑스에서 개발한 블록인데 파도의 에너지를 감소시키는 역할을 한다. 그래서 이런 블록을 소파(消波)블록이라고 한다. 파를 사라지게 한다는 의미이다. 테트라포드는 가장 대표적인 소파블록이고 그 밖에도 수십 종류 이상의 다양한 형상의 소파블록이 있다.

테트라포드가 파도의 에너지를 감소시킬 수 있는 것은 테트라포드 여러 개를 층을 이루어 쌓으면 테트라포드의 다리들 사이로 제법 큰 공간들이 많이 생기기 때문이다. 예를 들어 높은 곳에서 떨어지는 폭포가 아래쪽 연못에 바로 떨어진다면 수면에 부딪치면서 엄청난 물보라가 발생하게 될 것이다. 그런데 만일 폭포 아래에 여러 개의 계단이 있다면 폭포가 계단을 타고 내려가면서 그 에너지가 조금씩 감소되어 결국 연못에 떨어질 때는 그다지 큰 물보라를 일으키지 않을 것이다.

이와 비슷하게 높은 파도가 막힌 벽을 만나면 일순간에 부서지면서 지니고 있는 모든 에너지를 벽으로 전달하게 될 것이다. 그렇기 때문에 아무리 단단한 벽이라도 한꺼번에 엄청난 파도를 만나면 그 힘에 갈라지거나 부서지는 등 파손될 수 있다. 그런데 벽 앞에 테트라포드를 여러 층으로 쌓아둔다면 소파블록 사이의 많은 공간들을 지나면서 파도가 잘게 나뉘고 계속해서 부서져 에너지를 순차적으로 조금씩 잃게 될 것이다. 따라서 파도의 에너지가 크게 감소된 상태에서 벽에 도달하게 될 것이다. 이러한 이유로 방파제나 바다에 접한 벽 앞에는 테트라포드와 같은 블록을 쌓아서 파도로부터의 피해를 최대한 줄인다.

그런데 바닷가에 자주 가보면 테트라포드의 생김새는 같더라도 지역마다 크기가 다르다는 것을 알 수 있다. 그 이유는 파도의 크기가 다르기 때문이다. 즉 큰 파도가 몰려오는 곳에는 큰 테트라포드가 필요하고 파도가 그렇게까지 크지 않은 곳에는 작은 테트라포드를 비치해도 괜찮다. 사실은 테트라포드의 크기보다 더 중요한 것이 테트라포드의 무게인데 무거울수록 테트라포드의 크기도 커진다. 만약 큰 파도가 치는 곳에 무게가 충분치 않은 테트라포드를 놓으면 파도의 힘에 견디지 못하고 다리가 부러지거나 통째로 바닷속으로 굴러 떨어지게 된다. 어떤 경우에는 파도에 떠밀려 도로나 건물 위로 올라오기도 한다.

그렇기 때문에 테트라포드를 놓기 전에 파도의 높이와 그에 따른 힘을 계산해보고 거기에 충분히 견딜 수 있는 테트라포드의 무게와 크기를 선택해야 한다. 우리나라 남서쪽 끝 바다에 가거도라는 섬이 있는데, 이 섬 주변으로 다른 섬이나 육지가 없어서 날씨가 나빠지면 이 근처에 머물던 어선이 긴급하게 대피할 수 있는 곳이다.

2011년 태풍 무이파가 이 섬 근처를 통과했을 때 10미터가 넘는 파도가 가거도 항구에 들이닥쳐서 방파제 앞쪽에 놓여 있던 64톤 테트라포드 블록들 대부분이 부서지고 무너지는 피해가 발생했다. 가거도 방파제에는 테트라포드와는 형상이 다른 정육면체 형태의 소파블록 큐브(Cube) 104톤짜리도 놓여 있었는데, 이 큐브 블록도 파도의 힘을 이기지 못하고 무너져 내렸다. 일반적으로 중형 승용차의 무게가 1.5톤 정도이니 승용차 약 70대 무게의 큐브 블록이 파도의 힘을 버티지 못하고 파손됐던 것이다.

가거도 항구에 방파제를 설치할 때 당시 공사를 담당했던 기술자가 컴퓨터로 파도의 힘을 계산해보고 조파수조에서 실험을 진행한 결과를 토대로 테트라포드의 무게를 결정했을 것이다. 하지만 예상보다 더 큰 파도가 가거도항에 몰려와 결국 104톤이나 되는 큐브 블록으로도 파도를 충분히 막지 못했다.

바닷가에 어떤 구조물을 지을 때에는 그곳에 밀려오는 파도의 최대 크기를 예상해보는데, 이를 설계파(design wave)라고 한다. 앞에서 말했듯 설계란 구조물을 만드는 데 필요한 계획을 세우는 것을 의미하기에, 설계파란 설계를 할 때 대상으로 삼는 파도인 셈이다.

가거도 항구에 건설된 방파제의 경우처럼 설계 당시의 설계파보다 더 큰 파도가 오는 경우도 종종 발생한다. 설계파를 결정할 때는 50년 또는 100년에 한 번 찾아올 수 있는 정도의 파도를 컴퓨터 계산 등을 통해서 미리 짐작해보는데,

실제로는 이 설계파보다 더 큰 파도가 몰려오는 경우는 드물다. 2011년 동일본 대지진 당시 발생한 엄청난 지진해일도 그 지역에 발생 가능한 지진해일의 크기를 크게 초월하는 것이어서 지진해일을 대비해 미리 건설해두었던 방파제나 방어용 벽이 무너져 내렸다. 그렇지만 이런 경우는 드물고, 대부분은 설계파보다 작은 파도가 오기 때문에 조파수조 실험으로 설계파에 구조물이 안전한지를 사전에 알아보는 것은 매우 중요하다.

## 평면 조파수조

조파수조 중에는 위에서 내려다봤을 때 서로 인접한 두 변의 길이가 거의 비슷한 크기인 것도 있다. 이러한 조파수조를 평면 조파수조(wave basin)라고 한다. 평면(平面)이란 말 그대로 평평한 면을 의미하며, 평면 TV를 연상하면 된다. 평면 조파수조에서는 수평의 두 가지 방향과 연직의 세 가지 방향의 물리적 현상을 관찰할 수 있기 때문에 3차원 조파수조라고 부르기도 한다.

단면 조파수조와는 달리 평면 조파수조에서는 방파제의 모형을 제작할 때 전체 방파제 길이를 모두 재현하는 경우가 많다. 그런데 방파제가 길기 때문에 전체 구조물을 모두 재현하려면 모형을 더 작게 만들어서, 즉 축척이 더 작은 조건에서 실험을 해야 한다. 이처럼 단면과 평면 조파수조의 특징이 다르기 때문에 어떤 현상을 관찰할 것인지 실험의 목적에 따라서 단면 또는 평면 조파수조를 선택해서 사용한다.

바닷가에 밀려오는 파도는 대개 해안선과 나란하게 접근해온다. 그런데 어떤 경우에는 비스듬하게 각을 이루면서 다가오기도 한다. 배를 타고 먼바다에 나가면 파도가 배의 왼쪽에서 다가오기도 하고 오른쪽에서 다가오기도 한다. 바람이 동쪽에서 불기도 하고 서쪽에서 불기도 하는 것과 같다. 이렇게 파도가 진행해오는 방향을 파향(波向)이라고 한다.

여름철 태풍은 남쪽에서부터 북상하므로 이때 밀려오는 파도의 파향은 남향이다. 반면에 겨울철 동해안에 많이 출현하는 파도는 동해 북부 먼바다에서부터 출발하는 경우가 많아서 대개 북동향이다. 이처럼 바다에서 파도의 방향은 지역과 위치마다 다르고 계절에 따라서도 다르다.

그렇기 때문에 방파제 또는 바다에 설치되는 구조물에 접근하는 파도의 방향도 다양할 수 있다. 만일 이렇게 다양한 파향에 대해서 실험을 하려면 단면 조파수조는 한 변의 길이

평면 조파수조 실험 사례(해수교환방파제 적용성 검토)

가 짧아서 실험이 불가능하다. 하지만 평면 조파수조는 단면 조파수조에 비해 넓은 실험 공간이 있기 때문에 구조물의 방향을 틀어서 다양한 파향에 대한 실험을 하거나, 아니면 구조물은 그대로 두고 조파기를 옮겨 파도를 만들어내는 방향을 다르게 해서 실험을 할 수가 있다.

어떤 평면 조파수조에서는 구조물이나 조파기를 옮기지 않고도 여러 각도로 진행하는 파도를 만들 수 있다. 이런 조파수조를 다방향(多方向) 조파수조라고 한다. 다방향 조파수조에는 폭이 30~50센티미터 정도로 좁은 조파판 수십 개가 설치되어 있는데, 이 조파판을 마치 사람들이 어깨동무를 하고 파도타기를 하듯 순차적으로 앞으로 밀어내면 조파판의 방향과 비스듬하게 진행하는 파도를 만들 수 있다.

즉, 제일 끝에 있는 조파판부터 앞으로 민 다음 얼마 후 바로 그 옆에 있는 조파판을 밀고, 다시 그 옆에 있는 조파판을 차례대로 미는 방식으로 모든 조파판을 순차적으로 움직이면 파도의 방향이 조파판의 방향과 나란하지 않고 비스듬하게 된다. 인접한 조파판과의 시간 차이가 클수록 파도가 조파판과 이루는 각도가 커지게 되고, 반대로 모든 조파판을 동시에 앞으로 밀면 조파판과 나란히 진행하는 파도가 만들어진다. 이처럼 평면 조파수조는 공간적으로 실제 바다와 매

독일 하노버대학의 다방향 평면 조파수조

우 흡사한 환경을 만들어내기 때문에 단면 조파수조로는 할 수 없는 다양한 실험을 할 수 있다.

부산광역시 강서구 가덕도동과 경상남도 거제시 장목면 사이에는 '거가대교'라고 불리는 해상교량과 해저터널로 연결된 도로가 건설되어 2010년 12월부터 차량이 통행하고 있다. 이 중 가덕도와 대죽도 사이 3.7킬로미터 구간은 침매(浸埋)터널 방식의 해저터널로 만들어졌는데, 침매터널이란 터널을 육상에서 미리 만들어서 바다로 끌고 간 다음 해저로 가라앉혀서 서로 연결하는 방식으로 만든 터널을 말한다.

보통의 해저터널은 섬이나 육지 깊숙한 곳에서부터 해저면 아래로 터널을 뚫어서 만드는데, 이것과는 완전히 다른 방식이다. 침매터널은 전 세계적으로도 건설 사례가 많지 않고 시공하기 매우 까다로워 고난도 기술이 필요하다. 더구나 거가대교 침매터널은 파도와 바람의 영향을 직접 받는 열린 바다에 위치하고 있다. 그래서 침매터널과 해상교량이 연결되는 대죽도와 중죽도 사이에는 마치 방파제처럼 튼튼한 벽이 있어 큰 파도가 치더라도 이 연결 부분이 안전하게 보호될 수 있도록 설계되었다. 그렇지만 과연 두 섬 사이에 만들어진 구조물이 앞으로 이 지역에 태풍이 통과할 때 발생될

높은 파도에도 잘 버틸 수 있을까? 이 부분의 안전성과 내구성을 점검하기 위해서 2009년에 한국해양과학기술원에 있는 평면 조파수조에서 약 4개월 동안 실험이 이루어졌다.

이 실험은 테니스장 네 개의 면적에 해당하는 가로 33미터, 세로 30미터 크기의 수조에 대죽도와 중죽도 앞쪽 바다의 해저지형을 실제와 최대한 가깝게 만드는 것에서부터 시작되었다. 그다음에는 이 두 섬 사이를 메워서 인공섬 형태의 모형을 실제 구조물의 70분의 1 크기로 섬세하게 재현했다. 그

거가대교 침매터널 보호안벽 평면 수리실험 준비 과정

리고 인공섬 구조물을 보호하기 위한 테트라포드를 두 층으로 깔아 방파제를 완성하고, 여기에 30만 리터의 물을 채운 뒤 피스톤식 조파장치로 파도를 30분 동안 계속 만들어내었다. 이는 실험 축척을 고려하면 실제 바다에서는 5시간 정도 계속 파도가 치는 것에 해당했다. 보통 우리나라에 태풍이 올 때 큰 파도가 몰아치는 시간은 3시간 정도이지만 거가대교는 워낙 중요한 구조물이기 때문에 더 긴 시간 동안 안전성을 유지하는 걸 목표로 했다. 당시 설계에 참여했던 덴마

크 설계회사 COWI에서도 5시간 동안 파도가 치는 조건에서 실험을 해줄 것을 요청했다.

실험실에서 30분 동안 만들어지는 파도는 실제 바다에서처럼 파도의 높이와 길이가 불규칙하게 계속 변한다. 이렇게 변화무쌍한 파도가 몰아치는 동안 해저터널과 해상교량의 연결부 구조물이 안전성을 유지하는지, 특히 콘크리트 블록 테트라포드가 파도의 힘에 못 이겨 아래로 굴러 떨어지지는 않는지를 유심히 살펴본다. 테트라포드가 원래 있던 자리에서 떨어져 나오는 개수가 많으면 테트라포드의 중량을 더 무겁게 바꿔서 피해가 거의 발생하지 않을 때까지 실험을 반복한다.

실험에서는 구조물의 피해뿐 아니라 방파제 꼭대기를 넘어 오는 물의 양도 측정한다. 허용 기준을 초과하는 지나치게 많은 물이 방파제를 타고 넘어오면 방파제 뒤쪽에 매설된 해저터널에 떨어져 충격을 주기 때문이다. 방파제 뒤쪽에 위치한 해저터널 위쪽으로 큰 돌들을 깔아 터널을 보호하고 있는데, 이 위로 큰 물 덩어리가 몇 차례 떨어지면 그 충격으로 돌들이 쓸려나가 침매터널이 파손될 수 있다.

만일 실험 도중에 이런 상황이 발생하게 되면 방파제 높이

**거가대교 침매터널 보호안벽 평면 수리실험 장면**

를 높여서 방파제를 넘는 물의 양을 줄이거나 침매터널을 보호하기 위해 놓은 돌들의 무게를 늘려서 물이 넘어오더라도 돌들이 쓸려나가지 않고 침매터널을 감싸서 보호할 수 있게 한다. 거가대교처럼 바닷가에 설치되는 중요한 구조물일수록 이러한 수조 실험을 통해 구조물의 안전성을 사전에 평가하는 작업이 반드시 이루어져야 한다.

또 해상 건설 공사뿐 아니라 연구를 통해서 새로운 개념의 구조물을 개발할 때에도 수조 실험을 많이 한다. 배에 화물을 싣거나 내리기 위해서 배를 가깝게 붙이는 벽을 안벽(岸壁)

이라고 한다. 항만에서 크레인들이 줄지어 서서 바쁘게 물건을 이리저리 옮기고 있는 장소가 바로 안벽이다. 당연한 말이지만 안벽은 땅에 고정되어 있다.

그런데 만약 안벽이 움직일 수 있다면 화물을 싣고 내릴 때 더 편리하지 않을까? 이러한 아이디어를 바탕으로 바다에 떠서 원하는 위치로 움직일 수 있는 안벽, 즉 부유식(浮游式) 안벽을 개발하는 연구가 이루어진 적이 있었다. 이때에도 부유식 안벽의 축소모형을 만들어서 평면수조에 설치하고 파도를 쳐서 부유식 안벽의 성능을 평가했다. 물에 떠 있는 안벽이 파도가 쳤을 때 흔들리지 않고 얼마나 안전한지가 이 실험의 주된 관심사항이었다. 만일 안벽이 너무 많이 흔들리면 크레인으로 화물을 안전하고 정확하게 싣고 내리는 작업이 어려워지기 때문이다. 그래서 물체가 움직일 때 그 거리와 가속도를 측정하는 센서들을 안벽에 부착한 후 다양한 파도 조건에서 실험이 이루어졌다.

조파수조에서 공학적인 실험만 이루어지는 것은 아니다. 2013년에 설립된 해양쓰레기 수거 전문회사인 오션 클린업(Ocean Cleanup)에서는 바다의 흐름인 해류(海流)를 이용해서 해양 미세 플라스틱을 모으는 시스템을 개발하고 있다. 놀랍

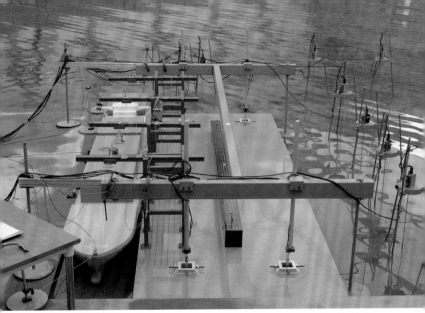

부유식 안벽 성능시험

게도 이 회사를 만든 장본인은 네덜란드 대학생이었던 보얀 슬랫(Boyan Slat)으로, 당시 만 18세였다.

고등학생이었던 보얀 슬랫은 2011년, 태평양 한가운데 해양쓰레기들이 모여서 마치 거대한 섬처럼 둥둥 떠 있다는 사실을 알게 된 후 많은 사람들이 불가능하다고 생각해왔던 해양쓰레기 수집 및 청소 문제를 자신이 해결해보겠다는 야심찬 목표를 세우게 된다. 그리고 해류를 이용한 미세 플라스틱 수집 아이디어를 생각해내 TED(Technology, Entertainment, Design) 강연에서 발표한 후 다니던 대학교를 그만두고 회사를 설립했고, 이 아이디어를 실현하는 데 필요한 자금을 모으며 실제 바다에 적용하기 위해 에쓰고 있다.

오션 클린업에서 고안한 해양 플라스틱 수집 시스템이 실제 바다에서 효과가 있을지를 미리 점검해보기 위해서 네덜란드 델프트(Deft)에 위치한 델타레스(Deltares) 연구소에서 실험이 이루어졌다. 연구소에 있는 단면 조파수조에 물을 채우고 쓰레기 조각을 뿌린 후, 파도와 흐름을 발생시켜 쓰레기가 수집되는 과정과 원리를 관찰했다. 이때 어떠한 형태와 모양으로 장치를 만들었을 때 가장 효과적으로 쓰레기를 모

**델타레스 단면 조파수조에서의 해양쓰레기 포집 실험**

을 수 있는지에 대한 연구는 지금도 계속되고 있다.

## 해상 구조 훈련

파도를 만드는 장치는 연구 외에 다른 목적으로 활용되기도 한다. 그중 한 가지가 바다에서 발생하는 각종 재난 상황에서 신속하게 인명을 구조하기 위한 해상 구조 훈련에 활용하는 것이다. 바다를 통한 사람과 물자의 수송량이 지속적으로 늘어나고, 해양에서 각종 여가 활동을 즐기는 사람들이 많아지면서 사고도 많이 발생하고 있다. 항해 중인 배끼리 부딪치거나 높은 파도에 배가 뒤집혀 침몰하는 사고는 해상에서 언제든지 발생할 수 있다. 특히 크루즈나 대형 여객선이 바다 한가운데에서 물에 잠기면 순식간에 엄청난 인명피해가 발생하게 된다. 따라서 사고 발생 시 최대한 신속하게 구조가 이루어져야 하고, 평상시에는 구조 활동을 펼칠 수있는 사람들을 잘 훈련시켜야 한다. 그리고 파도가 치는 해상 상황에서 사람들을 구조하는 훈련을 하기 위해서는 조파 수조가 반드시 필요하다.

전라남도 여수시에 위치한 해양경찰교육원 해상구조훈련장에는 파도 발생장치를 갖춘 수영장이 있다. 우리가 평소에

소방훈련이나 민방위훈련을 하는 것처럼 이곳에서는 해상에서 재난이 발생했을 때를 대비한 훈련이 실시된다. 특수 잠수기술을 이용한 침몰 선박 내 생존자 구조, 헬리콥터를 이용한 항공 구조 등 다양한 훈련 시에 인공 파도를 만들어 거친 파도가 치는 악조건 속에서도 구조인력이 임무를 수행할 수 있도록 한다.

해상에서의 재난 상황을 보다 실감나게 재현하기 위해 파도뿐만 아니라 비와 바람을 발생시키는 장치를 함께 가동하는 경우도 있다. 또한 단순히 구조인력에 대한 훈련만이 아닌 구명조끼를 비롯한 각종 구조용품이나 장비의 성능을 테스트하기 위한 실험이 실시되기도 한다. 우리나라뿐 아니라 미국, 영국 등 해난 구조 활동이 활발한 국가들은 해상 구조

**해양경찰교육원 해상구조훈련장에서의 훈련 모습**

훈련을 위한 파도 발생장치가 있는 시설을 갖추고 있다.


### 펌프로 파도 만들기

사람의 힘으로 파도를 만드는 또 다른 방법은 펌프를 이용하는 것이다. 펌프는 액체나 기체를 밀어내거나 빨아들이는 기계 장치이다. 높은 빌딩의 고층에서 사용하는 물도 수도관에 연결된 펌프를 이용해서 높은 곳까지 밀어 올리는 것이다. 이런 펌프를 물이 담긴 수조의 한쪽 끝에 설치해서 수조 안에 담겨 있는 물을 높이 끌어 올렸다가 일순간에 떨어뜨려서 수조로 다시 내보낸다. 그러면 떨어진 물이 수조 앞쪽으로 진행하면서 파도를 만들어낸다. 호수에 돌멩이를 던지거나 빙하가 바닷속으로 떨어지면 파도가 생겨나는 것처럼 많은 물을 한꺼번에 수면에 떨어뜨림으로써 파도를 만드는 것이나. 이때 물을 끌어 올리는 높이에 따라 파도의 높이도 달라진다.

물을 끌어 올리는 곳의 위쪽이 공기 중에 열려 있는 경우에는 수중 펌프를 이용해서 물을 직접 빨아들여서 높은 곳까지 옮긴다. 만약 물을 끌어 올리는 곳의 위쪽이 마치 방처럼 천장으로 막혀 있으면 공기 펌프를 이용해서 물 위쪽에 갇혀 있는 공기를 빨아들였을 때 물 위쪽의 압력이 낮아져 자연스럽게 물이 높은 곳까지 올라가게 된다. 컵에 담긴 음료수를 빨대로 빨면 음료수가 빨대를 타고 우리 입 안으로 들어오는 것과 같은 원리이다.

앞서 설명한 조파판으로 물을 밀어내는 방식은 조파판의 움직임을 컴퓨터로 미리 프로그래밍해서 그대로 움직이게 하기에 파도의 높이나 길이를 밀리미터 단위까지 정확하게 만들 수 있다. 그래서 연구 시에 원하는 파도를 만들어 그런 파도가 구조물에 부딪치거나 작용을 할 때 미치는 힘을 측정하거나, 구조물이 안전한지 불안전한지를 테스트할 수 있다.

하지만 펌프를 이용해서 파도를 만들 때는 이렇게까지 정확하게 파도의 높이나 길이를 재현하지 못한다. 펌프를 이용

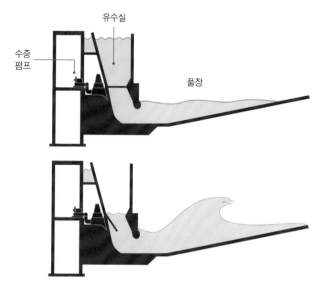

**수중 펌프를 이용한 파도 발생장치 원리**

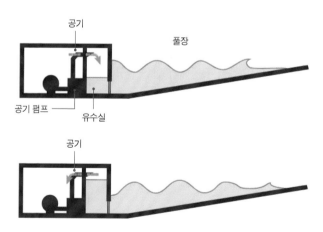

**공기 펌프를 이용한 파도 발생장치 원리**

해서 물을 빨아올릴 때는 물의 양을 이 정도로 정확하게 조절할 수 없기 때문이다. 만약 끌어 올리는 물의 양을 아주 정확하게 맞춘다고 하더라도 물을 수조에 떨어뜨려서 내보낼 때 만들어지는 파도의 크기가 언제나 동일하지는 않다.

공을 어떤 높이에서 떨어뜨렸을 때 다시 튀어 오르는 높이가 거의 비슷하긴 하지만 완전히 똑같을 수 없는 것과 비슷한 이치이다. 공이 바닥에 부딪치는 순간 에너지를 일부 잃어버리게 되는 것처럼 높이 끌어 올린 물이 수면에 부딪치는 순간 에너지의 일부를 잃어버리고 나머지 에너지는 파도의 형태로 바뀌게 된다. 그런데 공이 바닥에 부딪치는 것에 비해서 떨어지는 물과 아래에 놓인 물 사이의 면적도 넓고, 고체끼리가 아니라 액체끼리 부딪치는 것이기 때문에 만들어지는 파도의 높이나 형태가 훨씬 불규칙하기 쉽다.

### 파도풀장

그렇지만 펌프를 이용해서 공기 또는 물을 빨아들이는 방식은 조파판을 움직이는 방식에 비해 훨씬 간단하고 기계장치도 단순한 편이다. 그렇기 때문에 파도를 밀리미터 또는 센티미터 단위로 정확하게 만들 필요는 없더라도 비교적 큰 파도를 만들어야 할 때는 펌프를 이용한 방식이 훨씬 적용하기 좋다. 왜냐하면 조파판을 움직이는 방식은 만들려고 하는 파도의 크기가 커질수록 조파판의 두께가 두꺼워지고 무게도 더 무거워질 뿐 아니라 조파판을 움직이기 위한 다른 기계장치도 훨씬 복잡해지고 가격도 비싸지기 때문이다.

펌프를 이용해서 큰 파도를 만드는 목적에 딱 들어맞는 게 파도풀장이다. 요즈음 대규모 워터파크에는 대부분 파도풀장이 있는데 여기에서 파도가 만들어지는 게 바로 이런 방식이다. 과학기술적인 목적으로 만들어진 파도 발생장치가 그 원리를 이용하여 우리가 즐기고 놀 수 있는 놀이기구로 활용된 셈이다. 연구를 하기 위해 큰 파도가 발생하기를 기다리거나 위험을 무릅쓰고 바다에 나갈 필요가 없는 것처럼 여름철이 아니더라도 실내 워터파크에 있는 파도풀장에서는 사계절 내내 파도를 즐길 수 있다.

이런 파도풀장은 규모에 따라 동시에 입장이 가능한 사람의 수가 수백 명에서 많게는 수천 명까지 되기도 한다. 수천 명이 함께 들어가는 큰 파도풀장의 경우 파도를 만들기 위해 사용하는 전기가 600킬로와트 정도인데, 이는 대략 300가구에서 사용하는 전기량에 해당한다. 비록 펌프를 이용해서 파도를 만드는 방식이 조파판을 밀어서 만드는 방식보다 덜 정교하기는 하지만 펌프로 끌어 올리는 물의 양을 잘 맞추면 거의 비슷해 보이는 일정한 파도를 만들 수 있다. 그래서 파도풀장에서는 눈으로 봤을 때 거의 비슷한 파도가 계속 밀려오는 것이다.

또한 끌어 올린 물을 다시 수조로 떨어뜨리는 시간을 잘 조절하면 여러 형태의 파도를 만들 수 있다. 대규모 파도풀장에서는 파도가 시작되는 쪽 벽을 따라서 공간을 여러 개로 나누고 펌프도 여러 개를 설치한다. 그리고 각각의 펌프를 이용해서 물을 끌어 올린 후 물을 내보내는 시간 차를 두어 다양한 높이와 패턴의 파도를 만든다. 만약 벽 왼쪽에서 가장 먼저 물을 떨어뜨리고 오른쪽으로 가면서 순차적으로 물을 떨어뜨린다면 파도풀장에 있는 사람들에게는 파도가 왼쪽에서부터 비스듬하게 다가오는 것처럼 보인다. 물론 펌프로 끌어 올린 물을 모두 동시에 내보내면 파도풀장 전체에 파도가 나란히 밀려오게 된다.

파도풀장 중에는 파도타기를 할 수 있는 특별한 파도풀장이 있다. 우리나라에는 아직까지 널리 보급된 스포츠가 아니지만 미국, 호주, 유럽에서는 파도타기가 매우 인기 있는

파도풀장(출처: Wikipedia by Asokants)

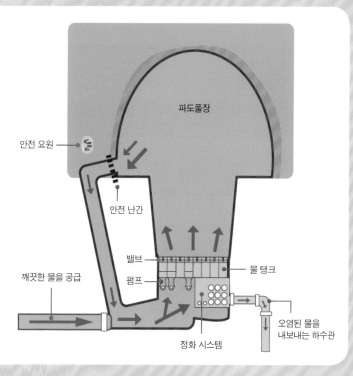

파도풀장

안전 요원

안전 난간

밸브

펌프

깨끗한 물을 공급

물 탱크

오염된 물을
내보내는 하수관

정화 시스템

파도풀장의 평면 구조

영국 서프 스노도니아(Surf Snowdonia) 파도타기 풀장(출처: Wikipedia by Hogyn Lleol)

스포츠 중 하나여서 상당히 많은 사람들이 파도타기를 즐긴
다. 그래서인지 해외에는 파도타기만을 위한 전용 파도풀장
이 있다. 날씨와 상관없이 사계절 내내 파도타기를 즐길 수
있기 때문이다. 무엇보다 파도타기를 안전하게 즐길 수 있고
체계적으로 배울 수 있다는 장점이 있다.

　이러한 이유로 아랍에미리트 알 아인(Al Ain)이라는 곳에는
주변에 바다가 전혀 없는 사막 한가운데에 파도타기 풀장이
만들어지기도 했다. 이곳 파도타기 풀장에서 파도를 만드는
원리도 일반 파도풀장처럼 펌프를 이용한다. 그렇지만 일반
워터파크에서 보는 파도보다 더 큰 파도를 만들어서 파도풀
장의 중간쯤에서 일부러 부서지게 만든다는 점이 다르다. 특

실내 파도타기 풀장

히 실제 바다에서처럼 파도가 동그랗게 말리면서 앞쪽으로 무너져 내리는 형태로 부서지게 만드는데, 이는 파도타기를 즐기는 사람들이 가장 좋아하는 형태의 파도이다.

앞서 포르투갈의 나자레 해변에서의 엄청난 파도를 소개하면서 이곳이 전 세계적으로 유명한 파도타기 장소라고 했는데, 사실 이곳은 파도타기 프로 선수들의 대회가 열리는 장소로 일반인들에게는 너무 위험하다. 이렇게 사람 키의 다섯 배, 열 배가 넘는 큰 파도가 해변에서 부서지는 장소는 포르투갈 나자레만이 아니라 미국과 호주의 서쪽 해안, 하와이섬 등 전 세계적으로 다양하게 분포해 있다.

이런 곳에서 파도타기에 도전한다는 것은 마치 스키장에서

활강 코스를 내려오는 것처럼 위험한 일이며, 큰 부상을 당하거나 목숨을 잃을 가능성은 스키보다 훨씬 더 높다. 얇은 보드를 딛고 서서 아슬아슬하게 파도의 움직임을 헤쳐 나오는 모습은 짜릿함을 선사하지만 큰 부상의 위험이 늘 존재한다. 파도타기 도중 큰 파도에 휩쓸리면 폭포수처럼 떨어지는 파도와 함께 바닷물 속 깊이 처박히게 된다. 이때 만일 해저 바닥에 놓인 바위나 딱딱한 산호초 등에 부딪치면 뇌 손상이나 심한 찰과상을 입을 수 있다. 다행히 바닷속 다른 물체에 부딪치는 걸 피하더라도 심한 충격으로 정신을 잃거나 물을 너무 많이 들이마시게 되어 사망하기도 한다.

그렇기 때문에 일반인들은 파도의 높이가 훨씬 낮고, 해저 바닥에 모래층이 두껍게 쌓여 있어 만일 부딪치더라도 충격을 흡수해줄 수 있는 장소에서 파도타기를 즐겨야 한다. 그리고 되도록 해변이 넓게 펼쳐져 있고 바닷속 수심도 일정해서 파도가 부서질 때 넓은 범위에 걸쳐서 길게 부서지는 곳이 좋다. 그렇지 않은 곳에서는 파도를 타려는 사람들이 좁은 지역에 몰려서 서로 부딪치는 사고가 생길 수 있기 때문이다. 스키장의 좁은 슬로프에서 서로 충돌할 위험성이 높은 것과 같은 이치이다. 최근 우리나라에서도 부산 송정해수욕

미국 매버릭스(Mavericks) 파도타기 대회 장면(출처: Wikipedia by Shalom Jacobovitz)

장, 동해안 양양 등을 중심으로 파도타기를 즐기는 사람들의
숫자가 늘어나고 있는 추세이다.

파도타기가 가능한 이유는 먼바다에서 진행해온 파도가 해
변 가까이에 도달하면 수심이 얕아지면서 수면 위쪽으로 솟
아올라 마침내 부서지기 전까지 경사진 면을 만들기 때문이
다. 파도타기의 기본적 원리는 겨울철 스키장에서 스노보드
를 타는 원리와 비슷하다고 할 수 있다. 다만 스키장의 슬로
프에 비해서 해변 가까이에서의 파도는 훨씬 변화가 심하다.
약간 멀리에서는 다소 봉긋해 보이던 파도도 해변에 가까이다가올수록 점점 커지면서 경사도 급해진다. 따라서 파도를 타는 사람은 보드의 각도를 시시각각 변하는 파도의 경사에 맞춰서 조절함으로써 균형을 잘 유지해야 한다. 그리고 마침내 파도가 부서질 때에는 파도의 경사가 거의 수직에 가까워지기 때문에 보드의 방향을 틀어서 부서지는 파도의 옆쪽으로 빠져나와야 한다. 그렇지 않으면 부서져 내리는 파도와 함께 바닷물 속으로 함께 내동댕이쳐지고 만다.

이처럼 파도타기는 스릴과 즐거움을 선사하는 동시에 체력과 기술이 충분하지 못할 경우 부상을 당할 위험도 높기 때문에 비교적 안전하게 파도타기를 즐길 수 있는 파도타기 풀장이 점점 늘어나고 있다. 이런 곳에서 초보자들은 바다로 나가기 전에 기본 기술부터 체계적으로 배우면서 파도타기를 몸에 익힐 수 있다. 차들이 씽씽 달리는 도로에 나가기 전에 운전 연습장에서 충분히 연습을 하고 나가면 교통사고 위험이 줄어드는 것처럼 말이다.

물론 파도타기 좋은 바다를 찾아가거나 좋은 환경을 기다릴 필요 없이 언제나 파도타기를 즐길 수 있다는 것도 장점이다. 이 때문에 최근 해외에서는 파도타기 풀장이 늘어나고 있다. 이런 시설에서는 아이부터 어른까지 파도타기 실력에 맞게 배우고 체험할 수 있는 다양한 프로그램이 제공된다. 다만 여기서는 바다에서와 달리 풀장의 물을 계속 순환시키면서 물속에 자연스럽게 쌓이는 오염 물질을 걸러내어 수질을 깨끗하게 유지하는 것이 중요하다.

## 지진해일 만들기

펌프를 이용하여 파도를 만드는 방법은 지진해일 연구에 널리 활용된다. 해저지진에 의해 순간적으로 높이 솟아오른 바닷물이 다시 아래로 되돌아가면서 생기는 지진해일과 그 원리가 거의 같기 때문이다. 산사태가 발생해서 엄청난 양의 흙이나 돌이 바다로 굴러 떨어지거나, 극지방에서 바다 근처에 있는 빙하가 분리되어 바다에 떨어져 만들어지는 해일도 마찬가지이다. 실제로 펌프로 물을 끌어 올렸다가 한순간에 수조 안으로 돌려보내서 만들어지는 파도의 모양을 관찰해 보면 지진해일 모양과 매우 유사하다.

물론 앞서 설명한 피스톤식 조파기를 이용해서도 지진해일을 만들 수 있다. 일반 파도를 만들 때 조파판을 앞뒤로 계속 반복해서 움직이는 것과는 달리 지진해일을 만들 때는 조파판을 뒤로 최대한 당겼다가 딱 한 번만 앞으로 세게 밀면 된다. 그런데 이렇게 조파판으로 만들어지는 해일보다는 펌프로 물을 끌어 올렸다가 순간적으로 떨어뜨려서 만드는 해일의 모양이 실제 바다에서의 지진해일 형태에 더 가깝다고 한다.

영국 HR 월링포드(Wallingford)에 최근에 만들어진 조파수조는 폭 4미터, 길이 70미터로, 여기에서는 한꺼번에 2리터 생수병 3만 5000개에 해당하는 70톤의 물을 끌어 올렸다가 단번에 수조로 내보내서 지진해일을 만든다.

연구자들은 이렇게 만들어진 지진해일의 모양이나 에너지가 전달되는 과정을 자세히 관찰하고 그 특징을 기록한다. 또한 먼바다에서부터 육지까지 해일이 밀려오는 데 걸리는 시간 등을 측정하여 컴퓨터로 계산한 결과와 비교한다.

그리고 수조 안에 어떤 도시 또는 지역의 건물이나 도로 모양을 그대로 재현해서 지진해일이 몰려왔을 때 어떤 곳에 가장 먼저 해일이 도달하는지, 그리고 그때 해일의 높이가 얼마나 되는지를 조사한다. 또 도시의 면적이 얼마나 물에 잠기는지를 실험을 통해서 알아본다. 이러한 자료는 지진해일이 발생할 가능성이 높은 도시나 지역에서 사전에 지진해일에 대비하여 주민들의 대피 계획을 세우거나 대피 장소를 결정할 때 매우 중요한 정보가 된다.

HR 월링포드의 지진해일 발생장치 구조(컴퓨터 그래픽 이미지)

지진해일 발생장치를 이용한 실험 준비 모습

그런데 대피 장소가 바닷가에서 너무 멀리 있으면 대피에 시간이 걸리고 노약자나 몸이 불편한 사람들은 거기까지 걷거나 뛰어서 갈 수 없기 때문에 바닷가 가까운 곳에도 해일에 버틸 수 있는 튼튼하고 높은 피난 건물이 필요하다. 그래서 피난 건물을 짓기 전에 축소 모형을 만들어서 수조 안에 설치하고 지진해일이 밀려올 때 건물이 잘 버티는지를 테스트한다. 실험 결과, 만일 건물이 떠내려가거나 부서진다면 실제 건물을 지었을 때도 문제가 있을 수 있기 때문에 디자인을 변경하거나 건물의 재료를 더 강한 것으로 바꾼다.

이웃나라 일본은 과거부터 지진이 자주 일어났고 지진해일의 피해도 많았다. 그래서 지진과 지진해일에 대한 대비가 전 세계적으로 가장 잘 되어 있는 나라 중 하나이다. 일본은 지진해일을 실험적으로 연구할 수 있는 조파수조를 여러 곳에 만들어서 다양한 실험을 통해 지진해일에 버틸 수 있는 건물이나 방파제를 개발해왔다. 일반적으로 방파제는 파도를 막기 위한 것이지만 일본에는 지진해일을 막기 위한 특수한 방파제가 몇 곳에 존재한다.

그중 가장 큰 지진해일 방파제는 일본 도호쿠 지방의 가마이시(釜石)라는 곳에 있다. 이 방파제의 길이는 1.9킬로미터

이며, 공중에서 내려다보면 가마이시 항구의 가운데 부분만 살짝 열어두고 육지와 연결된 양쪽은 완전히 가로막은 모습이다. 전체 방파제 중에서 수심이 가장 깊은 곳은 63미터인데, 방파제가 물 위쪽으로 올라온 높이가 8미터이니까 아파트 24층 높이에 해당하는 콘크리트 벽을 바닷속에 세운 셈이다. 세계에서 가장 깊은 방파제로 2010년 기네스북에도 기록되었다. 더군다나 방파제의 두께도 20미터에 달하니 이런 방파제를 짓기 위해서 얼마나 많은 재료가 투입되고, 얼마나 많은 사람들이 일했을지 짐작할 수 있다.

실제로 가마이시 방파제는 짓기 시작한 지 31년 만인 2009년에 완공되었다. 그러나 그로부터 2년 후 2011년 3월 발생한 동일본 대지진 때 대부분 파괴되었다. 그 이유는 방파제를 만들 때 예상했던 지진해일보다 더 큰 지진해일이 밀려왔기 때문이다. 이처럼 아무리 사전에 실험을 통해서 문제점을 찾고 개선하여 구조물을 지어도 자연의 힘이 인간의 예측을 뛰어넘는 경우에는 대규모 재해가 발생한다.

하지만 가마이시 지진해일 방파제가 전혀 쓸모없었던 것은 아니었다. 이 방파제가 무너지기 전까지 버텨준 덕분에 지진해일이 방파제를 지나서 마을에 도달하는 시간이 약 6분 정

南堤670m 開口部300m 北堤990m

1 가마이시 방파제 피해 전 2, 3 피해 후

도 늦춰졌고, 물에 잠긴 마을 면적도 훨씬 작아져서 인명과 재산 피해가 줄어들었음이 사후 조사를 통해 밝혀졌다. 그래서 일본 정부는 이 방파제를 다시 원래의 모습으로 복구하는 공사를 진행하고 있다.

### 바람으로 파도 만들기

조파판으로 물을 밀어서 파도를 만들거나 펌프로 물을 끌어 올렸다가 수조로 돌려보내서 파도를 만드는 방법 외에도 파도를 만드는 방법이 있다. 바로 바다에서 파도가 만들어지는 원리 그대로 바람을 불어서 파도를 만드는 것이다. 물이 담겨 있는 수조 끝에 큰 선풍기를 설치해서 수조 쪽으로 바

람을 불어 넣으면 파도를
만들 수 있다. 이렇게 바
람의 움직임으로 파도를
만들어내는 수조를 풍동
(風動) 조파수조라고 한다.

스페인 그라나다대학의 풍동 조파수조

그런데 수조 안으로 바
람을 일정하게 불어 넣지

않으면 파도가 잘 만들어지지 않을 수 있다. 선풍기로 바람
을 만들더라도 곧 사방으로 흩어져버리기 때문이다. 그래서
바람으로 파도를 만들 때는 선풍기에 연결된 사각형 관을 만
들어서 수조까지 바람을 보낸다. 그러면 선풍기에서 만들어
진 바람이 바깥으로 새어나가지 않고 수조 입구까지 잘 전달
된다. 관 안에는 마치 그물처럼 가로와 세로의 간격이 일정
하거나 아니면 벌집무늬처럼 생긴 판을 바람의 진행 방향과
교차하도록 여러 겹 놓아둔다. 이러한 판을 격자(格子)라고
하는데 선풍기에서 만들어진 바람이 이런 격자들을 연속 통
과하면서 관 전체에 걸쳐 고르게 분포하게 된다. 즉, 격자가
이루는 면의 어떤 지점에서 바람의 속도를 재더라도 거의 비
슷하다.

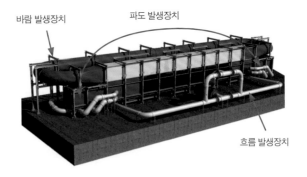

바람 발생장치　　　파도 발생장치

흐름 발생장치

스페인 그라나다대학의 풍동 조파수조 구조(컴퓨터 그래픽 이미지)

　이렇게 바람을 고르게 정돈된 상태로 수조 안으로 들어가게 해주면 바람을 만나 만들어지는 파도 또한 수조 안에서 균질하게 된다. 또한 수조 안에 들어온 바람이 바깥으로 빠져나가면 안 되므로 수조의 윗부분을 막아서 천장을 만들어야 한다. 그러면 수조 입구를 통해 들어온 바람은 수면과 천장 사이 빈 공간을 향해서만 불게 된다. 바람이 물을 만나기 시작하는 수조 입구 부분에서는 파도가 크지 않고 작은 잔물결들만 보인다. 그렇지만 잔물결들이 조금씩 앞으로 진행하면서 계속 바람을 받기 때문에 파도가 점점 커져서 수조의 출구 부분에 도달하면 제법 큰 파도가 만들어진다.

　풍동 조파수조에서 어느 정도 큰 파도를 만들려면 선풍기를 빠르게 돌려서 바람의 속도를 강하게 해야 한다. 또한 파도가 충분히 커질 수 있도록 수조의 길이도 길어야 한다. 즉, 큰 파도를 만들기 위해서는 대형 선풍기를 설치해야 하고, 수조의 길이도 길어져야 한다. 일본 요코스카 시에 위치한 국토교통총합연구소(NILIM: National Institute for Land and Infrastructure Management)에는 길이 62미터의 대형 풍동 조파수조가 있다. 이 수조에서는 이러한 방식으로 최대 30센티미터의 파도를 만들 수 있다.

풍동 조파수조는 실제 바다에서처럼 바람과 물의 마찰에 의해서 파도가 만들어지기 때문에 수조를 거치면서 파도가 점점 커지는 점이 특징이다. 조파판이나 펌프를 이용해서 파도를 만드는 방법에서는 수조 시작 부분에서 에너지를 가해서 파도가 만들어지면 그다음부터는 파도의 에너지가 진

일본 국토교통총합연구소 풍동 조파수조

행 방향으로 전달될 뿐 거기에 추가적인 에너지가 더해지지는 않는다. 반면에 풍동 조파수조의 경우 수조 안에서 바람이 계속 불면서 바람이 가지고 있는 에너지의 일부가 지속적으로 파도에 공급되기 때문에 수조의 끝 쪽으로 갈수록 파도가 점차 커진다. 그렇지만 조파판이나 펌프를 이용한 방식에 비해서 큰 파도를 만들기에는 불리하다. 아무리 강한 바람을 수조 안으로 불어 넣더라도 수조의 길이가 제한되어 있기 때문에 파도가 커지는 데 한계가 있다.

이러한 이유로 바람으로 파도를 만드는 풍동 조파수조는 파도가 맨 처음에 어떻게 만들어지는지를 연구할 때 주로 사

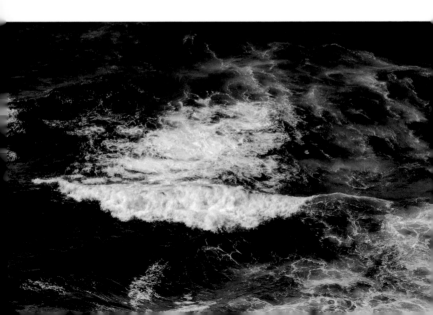

용된다. 또는 강한 바람 때문에 파도의 일부가 하얗게 부서지는 백파(白波) 현상을 연구하기 위해 풍동 조파수조를 사용하기도 한다.

백파란 영어로는 whitecapping이라고 하는데 마치 하얀 모자를 쓴 것 같다는 의미이다. 강한 바람이 부는 날 비행기를 타고 바다 위를 지날 때 아래를 내려다보면 바다의 표면 위로 희끗희끗 파도가 부서져서 하얀 거품이 군데군데 보이는데, 이것이 백파 현상이다. 백파는 먼바다에서 생긴 파도가 수심이 얕은 해안가에 도달하여 소멸하면서 부서지는 쇄파 현상과는 다르다. 백파는 수심이 깊은 바다에서도 강한

**바다에서 관측된 백파 현상**

바람이 불면 파도 꼭대기에 있는 물 입자가 바람에 밀려 앞쪽으로 부서지는 현상이기 때문이다.

백파가 발생하면 수면 근처에 있던 공기의 일부가 바닷물 속으로 들어가면서 섞이게 된다. 이처럼 공기와 바닷물이 뒤섞이고 에너지를 서로 교환하는 현상을 관심 있게 연구하는 해양학자들이 있다. 하나의 개별 파도에서는 큰 의미가 없는 것처럼 보이지만 우리가 살고 있는 지구 표면의 70퍼센트 이상이 바다로 덮여 있다는 점을 생각하면, 백파가 발생해서 공기와 바닷물이 섞이고 물질과 에너지 교환이 일어나는 현상이 전 지구적으로는 상당한 의미를 가질 수 있기 때문이다.

최근 점점 심각해지고 있는 지구온난화의 주된 원인으로 이산화탄소($CO_2$)를 비롯한 온실가스 배출이 지목되고 있다. 그런데 연구에 의하면 바다에서 백파가 발생할 때 공기 중에 있는 이산화탄소 일부가 바닷물에 섞여서 흡수된다고 한다. 그래서 해양학자들은 백파가 발생할 때 이산화탄소가 물에 녹는 양이 얼마나 되는지, 바람의 속도나 기온, 수온 조건에 따라서 그 양이 어떻게 달라지는지를 연구한다.

독특한
파도
발생장치

이제 우리는 사람이 파도를 만들어내는 방법이 여러 가지라는 걸 알게 되었다. 그런데 파도 발생장치의 크기도 쓰임새에 따라 여러 가지가 있다. 학생들 수업에 쓰기 위해 만든 책상 위에 올려놓을 수 있을 정도로 작은 것에서부터 실제 바다에서 볼 수 있는 정도의 큰 파도를 만들어낼 수 있는 엄청나게 큰 장치까지 다양하다. 이렇게 파도를 만드는 장치의 크기와 방법은 다양하지만, 그중에서도 전 세계적으로 한두 개밖에 없는 독특한 파도 발생장치들이 있다.

## 원형 조파수조

영국 스코틀랜드의 에든버러(Edinburgh)대학교에는 'Flo

FloWave의 원형 조파수조

Wave'라고 불리는 지름 25미터의 원형 조파수조가 있다. 이
조파수조는 360도 모든 면에, 그러니까 원형수조의 가장자
리를 한 바퀴 빙 둘러서 총 168개의 조파판이 설치되어 있어
어떤 방향으로든 파도를 만들 수 있다. 일반적인 조파수조는
사각형 모양에 파도 발생장치가 한쪽 면에만 설치되기 때문
에 파도를 보낼 수 있는 방향이 제한된다. 이러한 조파수조
에서는 실험을 할 때 파도의 방향을 여러 가지로 바꾸고 싶
다면 조파기를 옮기거나 모형의 각도를 틀어야 한다. 그렇지
만 FloWave에서는 파도를 원하는 모든 방향으로 보낼 수 있

기 때문에 번거로운 작업이 필요 없다. FloWave는 바로 그 점이 만들어진 이유이자 가장 큰 장점이기도 하다.

FloWave의 파도 발생장치 아래쪽에는 총 28개의 흐름 발생장치가 있다. 원형수조가 그저 하나의 커다란 원통이 아니라 두 개의 층으로 나누어져 있다고 한다면, 1층에는 파랑 발생장치가, 지하층에는 흐름 발생장치가 있는 셈이다. 흐름 발생장치 역시 원형수조의 가장자리를 따라서 360도 모든

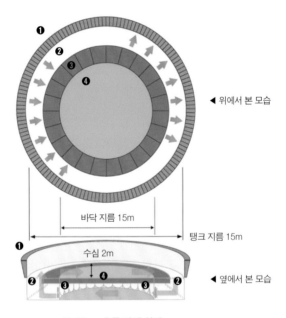

FloWave 흐름 발생 원리

면에 설치되어 있기 때문에 어떤 방향으로나 흐름을 만들 수 있다.

흐름이란 강에서 물이 흘러가는 것처럼 물이 한 방향으로 지속적으로 이동하는 것이다. 반면, 파도 아래에 있는 물은 일정한 범위 안에서 뱅글뱅글 돌지만 실제로 물이 움직이는 거리는 얼마 되지 않는다. 파도가 치는 바다 표면에 갈매기가 떠 있는 모습을 자세히 보면 파도를 따라 갈매기가 앞뒤로 흔들흔들 왔다 갔다 움직이지만 파도를 따라서 계속 흘러가지 않는 것을 알 수 있다. 그 까닭은 파도에 의해서는 물속에 담긴 에너지가 전파되는 것이지 물 입자가 전파되는 것은 아니기 때문이다. 소리도 마찬가지여서 공기를 통해 음파(音波)가 전파되는 것이지 공기 입자가 멀리까지 이동하는 것은 아니다. 이처럼 모든 파동(wave)은 근본적으로 어떤 물질을 전달하는 것이 아니라 에너지를 멀리까지 전달하는 것이다.

FloWave에 파도 말고도 흐름 발생장치까지 갖춰놓은 이유는 파도와 흐름이 모두 있는 상태에서 실험을 하기 위해서인데, 실제 바다에서도 이런 곳들이 많다. 우리나라 서해안은 파도와 흐름이 공존하는 대표적인 지역이다. 서해안에서는 조석(潮汐)의 영향으로 밀물과 썰물 때 바닷물의 깊이가 크게 변하며, 이로 인해 강한 흐름이 발생한다.

조석이란 달과 태양이 지구를 끌어당기는 힘으로 해수면이 주기적으로 오르내리는 현상을 말한다. 모든 물체 사이에는 서로를 끌어당기는 힘이 있는데, 이를 만유인력(萬有引力)이라고 한다. 손에 들고 있는 물건을 놓으면 땅에 떨어지는 것도 지구가 그 물건을 끌어당기기 때문이다. 이런 힘이 행성들 사이에도 존재하여, 우리가 살고 있는 지구와 태양이나 달 사이에도 서로를 끌어당기는 힘이 있다.

그런데 지구가 자전, 즉 24시간마다 한 바퀴씩 돌고 있기 때문에 태양이나 달이 지구를 끌어당기는 힘의 세기가 주기적으로 변한다. 바닷물도 지구 표면에 있기 때문에 이 힘의 변화에 영향을 받아 움직인다. 이것이 바로 밀물과 썰물이 생기는 이유이다. 밀물과 썰물에 의해 생기는 흐름을 조류(潮流)라고 한다. 조석 때문에 생긴 물의 흐름이라는 뜻이다. 이렇게 조류가 센 곳에 강한 바람이 불면 바다 표면의 파도와 바다 밑의 물의 흐름에 복합적인 영향을 미친다. 이러한 영향에 대해 알고 싶을 때, FloWave 같은 원형 조파수조를 이용할 수 있다.

FloWave에서는 파도와 흐름을 모두 중요하게 다루고, 고려해야 하는 바다 환경을 효과적으로 재현할 수 있다. 무엇보다도 원형수조의 장점을 살려 파도와 흐름의 방향을 원하는 대로 만들 수 있다. 파도와 흐름이 같은 방향으로 향하게 하거나, 두 가지 현상이 특정한 각도를 이루게 하는 것이 가능하다. 파도와 흐름의 방향을 독립적으로 자유롭게 세팅할 수 있는 조파수조는 전 세계적으로 매우 드물다. 그렇기 때문에 다른 곳에서는 불가능한 실험을 FloWave에서 할 수 있는 경우가 많다.

또한 FloWave의 파도 발생장치에는 특별한 기능이 포함되어 있다. 바로 파도의 에너지를 흡수할 수 있는 기능이다. 168개의 조파판에는 센서가 부착되어 있어서 각각의 조파판이 움직이면서 물을 밀어낼 때의 힘을 계측할 수 있다. 수학적 이론과 컴퓨터 계산을 통해서 파도를 만들 때 조파판에 작용하는 힘을 미리 알 수 있는데, 만약 조파판에 부착된 센서의 값이 이와 다르면 조파판의 움직임을 조절하여 파도의 에너지를 부분적으로 흡수한다. 이런 에너지 흡수 시스템을 통해서 아주 정교하게 원하는 파도를 만들 수 있다.

사전에 계산된 힘과 조파판에서 실제 계측된 힘이 차이가 나는 이유는 부분적으로는 파도 발생장치의 기계적 특성 때문이기도 하지만 가장 큰 요인은 파의 반사(反射) 때문이다. 반사란 어떤 물체의 표면에 부딪쳐 되돌아가는 현상을 말한다. 거울 속에 비친 우리 모습을 볼 수 있는 건 빛이 거울 표면에서 반사되어 우리 눈으로 들어오기 때문이다. 파도도 물의 에너지가 전달되는 것이기 때문에 반사가 일어난다.

예를 들어 물이 담긴 그릇에 조그마한 물체를 떨어뜨렸다고 해보자. 물그릇에는 작은 파도가 생길 텐데 그 파도의 흐름을 계속 눈으로 좇으면, 파도가 그릇의 가장자리 벽에 도달한 후 그중 일부가 왔던 방향을 거슬러 다시 시작 지점 방향으로 되돌아가는 걸 볼 수 있다. FloWave 수조에서도 파를 한 방향으로 만들어내면 그 파가 다시 되돌아와서 조파판의 움직임에 영향을 미치게 된다. 만약 이 반사 에너지를 흡수하는 기능이 없다면 파도의 반사 에너지가 조파판의 움직임에 더해져서 파도의 형태와 방향이 흐트러지고 만다.

FloWave는 이를 방지하기 위하여 파도를 만들 때 조파판에 작용하는 힘을 미리 계측하고, 이 값이 이론적 계산 값과 같은지의 여부를 실시간으로 점검한다. 그리고 차이가 있을 경우 조파판의 움직임을 정교하게 조절하여 그 힘의 차이가 서로 없어질 수 있도록 한다. 그렇게 하여 반사되어 되돌아온 파도의 에너지가 수조 내부에 남거나 쌓이지 않고 계속해서 원하는 모양의 파도를 만들 수 있게 되는 것이다.

이런 독특한 시스템 덕분에 다른 곳에서는 만들 수 없는 파도를 이곳에서는 만들 수 있다. 그중 가장 대표적인 것이 진행 방향이 서로 다른 파도를 일부러 서로 부딪치게 하여 비정상적으로 큰 파도를 만드는 것이다. 실제 바다에서도 파도의 꼭대기가 피라미드처럼 매우 뾰족해서 삼각파도라고도 불리는 큰 파도가 나타나 배를 뒤집거나 심한 경우에는 여러 조각으로 부서뜨리기도 한다. 파도의 끝이 삼각형 모양이 되는 이유는 서로 다른 방향에서 오는 파도의 에너지가 일순간 한 곳에 집중되면서 파도가 위로 솟구치기 때문이다.

이렇게 주변 바다에 비해 월등하게 높은 큰 파도가 해상에서 갑작스럽게 나타나는 것을 영어로는 freak wave 또는 rogue wave라고 하는데 우리말로는 '별난 파도' 또는 '흉포한 파도'라는 의미이다. 바다에서 이렇게 큰 파도를 만날 경우 대형 선박이 순식간에 전복되는 등 엄청난 재난이 생길 수 있기 때문에 재난파(catastrophic wave)라고 부르기도 한다.

해상에서 배는 파도가 밀려오는 방향으로 뱃머리를 향한다. 그렇게 하면 제법 큰 파도가 오더라도 배로 타고 넘을 수가 있다. 그런데 만약 큰 파도가 거의 직각에 가까운 각도를 이루면서 두 방향에서 접근해온다면 대처하기가 몹시 어려워진다. 한쪽 파도 쪽으로 뱃머리를 향해도 다른 쪽에서 오는 파도가 배의 옆구리에 세게 부딪치면 순식간에 배가 떠밀려 중심을 잃고 파도에 휩쓸리게 된다. 또는 삼각파도가 만들어지면서 위로 솟구치는 파도의 끝에 뱃머리나 뱃고물이 걸리면 배가 심하게 꺾이거나 부러지면서 바다로 내동댕이쳐질 수도 있다.

FloWave에서 이런 재난파를 만드는 원리는 비교적 간단하다. 한 방향으로 진행하는 파도를 만들 때와는 달리 원형수조의 가장자리에 위치한 조파판을 동시에 한꺼번에 앞으로 미는 것이다. 그러면 파도가 동심원을 그리면서 점점 중앙으로 좁혀 들어오게 된다. 그리고 마침내 한가운데에 모든 파도가 모이면 마치 물기둥처럼 하늘로 솟아오를 수밖에 없다. FloWave에서는 1년에 몇 차례씩 학생과 일반인을 대상으로 공개 시연회를 개최하는데, 이때 마치 건물 천장에 닿을 듯이 높이 치솟는 파도를 만들어 보이면 사람들이 '와~' 하는 탄성을 내지른다.

FloWave만이 가진 고유한 장점을 살려서 여러 실험을 할

FloWave 일반 공개의 날 모습

수 있겠지만 그중에서도 바다의 잠재된 에너지를 이용해 전기를 만들어내는 파력발전(波力發電) 또는 조류발전(潮流發電) 장치의 성능 평가 실험이 가장 많이 이루어지고 있다. 파력발전이란 파도의 힘을 이용해서 전기를 만들어내는 것이며, 조류발전이란 밀물과 썰물 때의 흐름을 이용해서 전기를 만들어내는 것이다.

전기는 에너지를 전달하는 매우 편리한 방법이기 때문에 전기를 만들고 저장해서 필요한 곳에 보내는 기술이 개발된 이후 우리 생활에 필수적인 요소가 되었다. 전기를 만드는 방법에는 여러 가지가 있는데, 그중 화력발전과 원자력발전은 인류가 20세기부터 가장 폭넓게 사용하고 편리하게 의지해온 방법들이다.

그런데 화력발전은 전기를 생산하기 위해 석탄을 태울 때 발생하는 온실가스와 미세먼지가 환경을 나쁘게 만들고, 원자력발전은 우라늄을 반응시킨 후에 남는 방사능 물질을 거의 영구적으로 조심스럽게 다루어야 한다는 숙제를 안고 있다. 이 방법들은 전기를 만들기 위해 원래 에너지를 가지고 있던 물질들을 태우거나 녹여서 소진한 후에 남는 물질, 즉 부산물(副産物)이 생긴다는 특징이 있다. 또 석탄이나 우라늄 등의 양이 제한되어 있기 때문에 쓸수록 그 양이 줄어들게 된다.

이와는 반대로 자연에 늘 존재하는 에너지를 전기로 바꾸는 방법도 있다. 바람을 이용하는 풍력(風力)발전과 햇빛 또는 그 열을 이용하는 태양광(太陽光), 태양열(太陽熱)발전이 대표적이다. 이런 에너지는 근본적으로 쓰면 없어지는 것이 아니라 지구와 태양이 존재하는 한 끊임없이 다시 생겨나는 것이다. 그래서 이러한 에너지를 재생(再生)에너지라고 한다. 영어로도 renewable energy라고 하는데 다시 새로워지는 에너지라는 뜻이다. 풍력과 태양광은 이미 우리 주변에서 볼 수 있는 에너지가 되었다. 즉 전기를 만들어 팔기도 하고 사기도 하는 상업적인 발전이 이루어졌다는 뜻이다. 그런데 지구상에 존재하는 다양한 재생에너지 중에서 아직 이러한 상업 발전에 미치지는 못했지만 거의 근접한 것들이 몇 가지 있다. 그중 대표적인 것이 바로 앞서 이야기한 파력발전과 조류발전이다.

바람이나 햇빛처럼 파도나 밀물과 썰물도 쓰면 없어지는 것이 아니라 끊임없이 존재하는 것들이다. 다만 바다에 있다는 점이 다를 뿐이다. 그래서 이런 에너지들은 해양 재생에너지의 한 종류이다. 그런데 바다 아무 곳에서나 파력발전이나 조류발전을 시도하기는 어렵다. 왜냐하면 파도가 너무 잔잔하거나 바닷물의 흐름이 약하면 에너지가 충분하지 못해 발전을 할 수 없기 때문이다. 1년 365일 중 가능한 많은 날에 발전이 가능할 정도로 높은 파도가 지속적으로 몰아치는 곳이 파력발전에 유리한 곳이다. 마찬가지로 조류발전에 적합한 장소는 밀물과 썰물 때 바닷물이 움직이는 속도가 상당히 빠른 곳이어야 한다.

파도로 전기를 만들 수 있다는 점이 신기하고 놀랍겠지만 의외로 파력발전에 대한 관심은 상당히 오래전인 19세기

초 유럽의 연구자들 사이에서 시작되었다. 그렇지만 본격적으로 파력발전 장치를 개발하기 위한 노력이 이루어진 것은 1973년 석유 파동 이후부터이다. 지금도 여러 나라 연구자들이 발전효율이 좋으면서도 관리하기 쉬운 파력발전 장치를 만들기 위해 애쓰고 있다.

전기를 만들어내는 모든 장치에는 반드시 효율(效率)이라는 개념이 따라붙는데, 이것은 원래의 에너지원(源)이 지닌 에너지를 전기로 바꿀 수 있는 비율을 의미한다. 야구에서도 투수가 던진 공을 타자가 쳐서 모두 안타로 만들 수 없는 것처럼 자연에 존재하는 에너지를 모두 100퍼센트 전기로 바꾸는 것은 불가능하다. 댐처럼 높은 곳에서 떨어지는 물의 에너지를 이용하는 수력발전의 효율이 85~90퍼센트로 가장 좋고, 화력발전이 최대 45퍼센트, 원자력발전이 35퍼센트 수준의 효율을 보인다. 우리가 타고 다니는 자동차의 휘발유나 디젤 엔진 효율도 대략 30~35퍼센트 수준이다.

그렇다면 파력발전의 효율은 얼마나 될까? 지금까지 여러 형태의 파력발전 장치가 개발되었는데 효율이 좋은 장치의 경우 20~25퍼센트의 에너지를 전기로 바꿀 수 있는 것으로 알려져 있다. 이 정도 효율이면 충분히 상업적인 발전을 시도해볼 수 있는 수준이지만 효율 외에도 따져봐야 할 것들이 있다. 전기를 만들기에 좋은 파도가 치는 바다는 육지로부터 먼 경우가 많다. 그래서 파력발전 장치로 생산된 전기를 육지까지 끌어오기 위해서는 해저에 전력 케이블을 깔아야 하는데 여기에도 비용이 꽤 든다. 또한 파력발전 장치에는 여러 기계 부품이 들어가는데 이런 부품들이 고장 나서 발전이 중단되면 수리하기 위해 배를 타고 먼바다까지 가야 한다.

그리고 고치는 것도 간단한 일이 아니다. 발전장치를 물 밖으로 끌어내 수리를 마친 후 다시 물속의 원래 위치로 돌려보내는데, 여러 사람이 오랜 기간 노력을 기울여야 한다. 이렇게 파력발전 장치를 설치하고 운영하는 데에는 육상보다 더 많은 시간과 비용이 들기 때문에 지금보다 효율이 훨씬 더 좋은 파력발전 장치가 개발된다면 상업적인 대규모 발전장치 설치 시점이 앞당겨질 수 있다.

이처럼 유지관리가 쉽지 않다는 요인 외에도 선박 운항이나 환경에 미치는 악영향에 대한 우려도 있다. 상업적으로 이용 가능한 수준의 파력발전 장치가 만들어지면 전기를 생산하는 데 드는 비용을 낮추기 위해 장치를 한두 개만 설치하는 것이 아니라 수십, 수백 개를 무리 지어 설치하는 것이

유리하다. 이렇게 될 경우 상당히 넓은 면적에 걸쳐서 바다에 파력발전 장치가 놓이게 될 것이다. 파력발전 장치에 따라서는 바다 표면에 거의 드러나지 않고 장치의 대부분이 바닷물 속에 잠겨 있는 것들도 있기 때문에 눈에 잘 보이지 않는다. 그래서 바다를 항해하는 선박들이 실수로 대규모 파력발전 장치가 있는 곳에 들어갈 경우 대형 해상사고가 발생할 수 있다.

또 파력발전 장치가 설치되는 곳에 원래 살고 있던 해양생물이 받을 영향도 무시할 수 없다. 그렇기 때문에 바닷속 물고기는 물론 돌고래나 새우, 조개류 등에도 어떠한 영향이 미칠지를 사전에 조사해봐야 한다.

이처럼 파도로 전기를 만들기 위해서는 꼼꼼하게 살펴봐야 할 것들이 많지만 발전효율이 높고, 쉽게 고치고 관리할 수 있는 장치가 개발된다면 상업적인 발전이 이루어질 가능성은 높은 편이다. 그렇기 때문에 전 세계 수많은 연구소와 기업들이 파력발전의 꿈을 실현시키기 위해 많은 노력을 기울이고 있다. 유럽해양에너지센터(EMEC: European Marine Energy Center)에 따르면 2017년 현재 파력발전 장치를 개발하고 있는 연구소와 기업의 수는 226개에 달한다. 다시 말해

226개의 서로 다른 파력발전 장치가 최초의 상업 발전 성공을 위해 경쟁하고 있는 것이다.

연구자들이 밤늦게까지 연구실 불을 밝히며 연구를 계속하는 것은 연구가 흥미롭고 재미있어서이기도 하지만, 이렇게 어떤 목적을 가지고, 경쟁하고 있는 다른 연구자들보다 한발 앞서 더 좋은 기술을 개발하기 위해서이기도 하다. 1~2년에 한 번 열리는 해양에너지 분야의 국제 학술대회에서는 여러 나라에서 비슷한 연구를 하고 있는 연구자들이 참석하여 각자 연구하고 있는 내용들을 영어로 발표하고 서로 궁금한 것들을 묻고 답한다. 이런 학술대회에 가면 한번도 만난 적 없는 지구 저편의 사람이 나와 굉장히 비슷한 연구를 하고 있는 모습에 놀라기도 하고, 또 반대로 나오는 전혀 다른 아이디어에서 출발해서 참신한 연구를 진행하고 있는 것에 충격과 자극을 받고 돌아오기도 한다.

전 세계적으로 아직까지 상업적인 파력발전은 이루어지지 못했지만, 바로 전 단계라고 할 수 있는 현장실험은 유럽 국가들을 중심으로 여러 차례 이루어졌다. 현장실험이란 상업적인 발전을 염두에 두고 실제와 똑같은 크기의 장치를 한 개 또는 몇 개만 만들어서 바다에 설치하여 성능을 평가하는 것을 말한다. 현장실험을 통해서 파력발전 장치의 효율은 얼마나 되는지, 기계적인 결함이나 다른 문제점은 없는지를 자세히 살펴본다.

그리고 그 결과를 종합적으로 검토한 후 파력발전 단지(團地)를 만들어 상업적인 발전을 시작할지 결정하게 된다. 단지란 아파트나 공장, 비닐하우스 등을 계획적으로, 집단적으로 만들어놓은 곳을 말한다. 파력발전의 경우에도 상업 발전이 이루어진다면 발전장치 수십 개를 규칙적으로 배열하고 생산된 전기를 케이블로 전달하는 대규모 시설이 필요하기 때문에 '단지'라고 표현하는 것이다. 비록 아직까지 이 단계에 도달한 파력발전 장치는 없지만 앞으로 10년 이내에는 최초의 대규모 상업적인 파력발전이 이루어질 것으로 전망된다.

그런데 상업적인 발전에 앞서 이루어지는 현장실험에도 상당히 많은 비용과 투자가 필요하다. 포르투갈에서 개발된 펠라미스(Pelamis)라는 파력발전 장치는 긴 원통형 튜브 다섯 개가 수평으로 연결된 형태인데 2004년부터 2007년 사이에 처음으로 현장실험이 이루어졌다. 영국 스코틀랜드 오크니 섬(Orkney island) 근처에서 이루어진 현장실험을 위해 제작된 펠라미스의 크기는 길이 120미터, 지름이 3.5미터였다.

펠라미스 현장 테스트(출처: Flickr by Jumanji Solar)

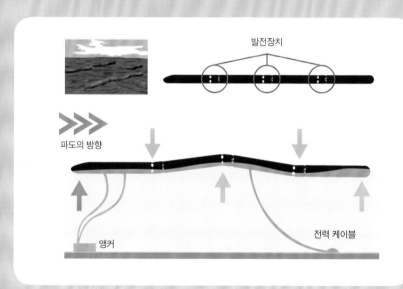

발전장치

파도의 방향

앵커

전력 케이블

펠라미스 파력발전 원리

그 후 2010년부터 2단계 현장실험이 이루어졌을 때는 이보다 크기가 더 큰 길이 180미터, 지름 4미터 장치로, 무게는 무려 1350톤이나 되었다.

이렇게 크고 무거운 물체를 먼바다에까지 운반해서 설치하고, 발전효율을 평가하기 위해 전력 케이블에 연결하려면 당연히 특수한 장비가 많이 필요하고 비용도 많이 들 수밖에 없다. 실제로 펠라미스 2단계 현장실험에 5백만 파운드가 소요되었다고 하는데, 이는 우리나라 화폐로 환산하면 대략 75억 원이 되는 큰돈이다.

현장실험에도 이렇게 큰 비용이 필요하기 때문에 무조건 할 수는 없고, 파력발전 장치의 성능이 우수하고 전기를 상업적으로 생산해낼 가능성이 높다고 판단될 때만 현장실험을 해본다. 그리고 그러한 결정을 내릴 때 가장 중요하게 다뤄지는 것이 바로 FloWave 같은 수조에서의 실험 결과이다.

수조 실험은 실제 바다에 설치될 장치를 10분의 1에서 30분의 1의 비율로 축소시킨 모형(模型)을 만들어서 이루어진다. 모형이란 실제 물건을 본떠서 만든 물건을 말한다. 이런 축소모형 실험에도 수억 원의 비용이 들지만 현장실험에 비해서는 훨씬 적은 비용으로 해볼 수 있다. 이런 실험을 통해 개발하는 장치의 에너지 변환 효율이 얼마나 우수한지, 오랜 기간 동안 바다에 설치해두어도 잘 버틸 수 있을지를 자세하게 검토한다.

파력발전뿐 아니라 조류발전의 경우에도 위에서 설명한 이유로 현장실험을 진행하기 전에 FloWave 같은 수조에서 모형실험을 먼저 해본다. 특히 FloWave는 수조의 어떤 방향으로든 흐름을 발생시킬 수 있기 때문에 조류발전 장치의 테스트에도 가장 좋은 환경을 제공한다. 여러 개의 발전장치를 동시에 수조에 집어넣고 흐름의 세기나 방향을 바꿔가면서 어떤 조건에서 발전효율이 가장 좋은지, 반대로 어떤 조건에서 미처 예상하지 못했던 문제점이 나타나는지를 살펴본다. 그리고 전산유체역학(Computational Fluid Dynamics)이라고 불리는 컴퓨터 계산 결과와 서로 비교해본다.

또한 발전 장치의 성능을 더 좋게 만들기 위해 장치의 원래 디자인을 수정하기도 한다. 이러한 과정을 거치면서 만약 장치의 성능이 원하는 수준에 도달할 수 없다고 판단되면 그 장치의 개발은 모형실험을 끝으로 중단된다. 다시 말해 모형실험은 실제 바다에서 이루어지는 현장실험과 궁극적인 목표인 상업적인 발전으로 가기 위해서 통과해야만 하는 시험,

즉 최종 관문의 역할을 하고 있는 셈이다.

## 실규모 조파수조

전 세계에 수많은 파도 발생장치가 있지만 그중에도 특별히 큰 것들이 있다. 가장 대표적인 것이 네덜란드 델프트에 위치한 델타레스 연구소의 '뉴 델타 플룸(New Delta Flume)'이다. 이 조파수조의 길이는 300미터로 한쪽 끝에서 다른 쪽 끝으로 걸어가는 데에만 5분 정도 걸린다. 길이만 긴 것이 아니라 폭 5미터, 깊이 9.5미터로 엄청난 규모이다. 조파수조 옆쪽으로는 실험에 필요한 물을 담아두는 별도의 저수조(reservoir)가 있는데 여기에 900만 리터의 물을 담을 수 있다. 이는 올림픽 수영장 네 곳을 채울 수 있는 수량에 해당한다. 이 조파수조는 2012년 가을부터 공사를 시작해서 2015년 여름에 완공되었고, 2600만 유로(약 340억 원)가 들었다.

이렇게 막대한 비용을 들여서 특별히 큰 파도 발생장치를 만드는 것은 실제 바다에서와 최대한 비슷한 파도와 구조물을 만들어서 연구를 진행하기 위해서이다. 아무래도 보통의 실험실에서는 공간의 제약이 있고 만들 수 있는 파도의 크기에도 한계가 있기 때문에 실험에 사용되는 구조물의 크기

▲▶ 뉴 델타 플룸

도 실제 바다에서보다는 작게 만들 수밖에 없다. 지도를 만들 때 우리가 사는 땅의 원래 크기대로 만드는 것이 불가능하기에 일정한 비율로 축소하여 나타내는 것처럼 말이다. 지도에서 실제 거리를 축소하는 비율을 축척(scale)이라고 하는데, 실험에서도 실제 구조물과 실험모형 간의 비율을 축척이라고 한다.

수심 15미터에 건설되는 어떤 방파제의 길이가 1킬로미터이고, 이를 조파수조 실험에서 50분의 1 축척으로 재현한다면 수심은 0.3미터, 방파제의 길이는 20미터가 될 것이다. 구조물뿐 아니라 파도도 동일한 축척으로 축소한다. 즉 3미터 높이의 파도가 이 방파제를 덮칠 때 방파제가 안전한지를 살펴보려면 실험실에서는 6센티미터의 파도를 만들어서 구조물에 변화가 일어나는지를 조사하는 것이다.

그런데 구조물과 파도의 크기를 모두 같은 비율로 줄여도 파도가 구조물에 부딪칠 때의 물의 속도나 그때 작용하는 압력은 그 비율대로 줄어들지 않는다. 이처럼 축척이 달라짐에 따라 원래 자연현상의 일부 속성이 축척과는 다르게 나타나는 특성을 축척 효과(scale effect)라고 한다. 축척 효과가 생기는 이유는 파도와 구조물 사이에 중력, 관성력, 마찰력 등 여러 힘이 동시에 작용하고 있기 때문이다. 파도가 구조물에 부딪치면 짧은 시간 동안 파도가 부서지면서 급속하게 에너지를 잃어 그중 일부 에너지는 소리나 열 등으로 나타나고, 대부분의 에너지는 구조물에 전달된다. 파도가 어딘가에 부딪칠 때 '찰싹' 소리가 나는 것도 파도의 에너지 일부가 음향(音響) 에너지로 바뀌는 것이다. 또한 파도가 부서질 때 적외선 카메라로 촬영을 해보면 수면 온도가 올라가는 것을 확인

할 수 있는데, 이 역시 파도의 에너지 일부가 열로 바뀌기 때문이다.

이처럼 실제 바다와 실험실에서 만들어지는 바다 사이에 축척 효과가 존재하기 때문에 그 효과를 줄이거나 없애려면 되도록 큰 조파수조를 만들어서 실제 바다에 최대한 가까운 환경을 만들 필요가 있다. 특히 축척 효과가 큰 영향을 미치는 연구일수록 이런 실험 시설이 필요하다. 그 대표적인 사례가 맹그로브(mangrove) 같은 바닷속 식물이나 해변에 깔린 자갈돌에 의한 파도 에너지 감소 과정에 관한 연구이다.

이 연구는 아주 큰 파도가 오지 않는 곳에서는 방파제 같은 육중한 구조물 대신 식물이나 자갈을 이용해서 해변을 파도로부터 보호하는 것으로, 최근 관심을 끌고 있다. 이러한 연구는 식물이나 자갈 사이 작은 공간에서의 흐름이나 마찰력이 중요하게 다뤄져야 하므로 축척이 커질수록, 즉 모형의 크기가 작아질수록 모형실험의 신뢰성이 떨어지게 된다. 왜냐하면 모형이 지나치게 작아지면 작은 공간을 물이 통과할 때 일어나는 현상이 실제와 많이 달라져서 왜곡될 수 있기 때문이다. 그렇기에 실제 바다에 가까운 환경에서 실험을 해야만 파도의 에너지 감소 과정을 정확하게 계측하고 이해할 수 있다.

뉴 델타 플룸처럼 큰 규모를 운영하는 것은 쉬운 일이 아니다. 실험모형을 크게 만들어야 하기 때문에 작은 조파수조에서 실험을 할 때보다 제작비가 훨씬 많이 든다. 또한 실제 바다에 견줄 수 있는 큰 파도를 만들기 위해 폭 5미터, 높이 10미터의 조파판을 앞뒤로 몇 미터씩 계속 움직이는데, 이때 필요한 전력량이 어마어마하다. 게다가 실험을 준비하고, 계측을 완료한 후 정리하는 데에도 긴 시간과 더 많은 사람의 노력이 필요하다. 그렇기 때문에 한 번 실험을 하려면 비용이 많이 들 수밖에 없다.

그런데도 이 조파수조는 2015년 완공된 이후 연중 바쁘게 돌아가고 있다. 네덜란드는 물론 여러 나라의 정부나 기업들로부터 꾸준히 실험 요청을 받고 있기 때문이다. 최근 이슈가 되고 있는 기후변화로 인해서 해수면이 상승하고 태풍이나 허리케인의 강도가 세지면서 강과 바닷가 주변 지역에서의 인명과 재산피해 규모가 지속적으로 증가하고 있다. 유네스코 자료에 의하면 전 세계적으로 매년 평균 7000명의 사람이 홍수나 해일로 목숨을 잃고 있으며, 재산피해 규모는 220억 유로(약 29조 원)에 달한다고 한다. 이렇듯 자연재해가 발생하면 그 규모가 상상을 초월할 정도로 막대하기 때문에 전 세계의 많은 정부와 기업들이 적지 않은 비용을 들여서라도 실험 연구를 해보고 안전하게 해안을 보호할 수 있는 더 나은 방법을 찾으려 노력을 기울이고 있다.

뉴 델타 플룸이 있는 델프트는 네덜란드 제2의 도시 로테르담(Rotterdam)과 제3의 도시 덴하그(Den Haag) 중간에 위치한 인구 10만 명 정도의 소도시이다. 작은 도시이지만 이 도시에는 전 세계적으로 유명한 게 두 가지가 있는데 하나는 델프트 도자기이고, 다른 하나는 델프트 공대(TU Delft)이다. 델프트 공대는 공학 대부분의 분야에서 상당한 실력이 있는 것으로 평가된다. 그중에서도 해안공학(海岸工學) 분야는 세계 최고 수준의 교수진과 연구 역량을 갖추고 있다. 해안공학이란 바다와 육지가 만나는 공간을 안전하게 보존하면서 이용하는 데 필요한 지식을 다루는 학문이다. 델프트 공대가 네덜란드는 물론, 전 세계적으로도 해안공학 분야에서 앞서가는 이유는 바로 네덜란드라는 나라가 물에 잠기기 쉬운 취약한 환경을 극복하는 과정에서 비롯되었기 때문이다.

네덜란드는 국토의 4분의 1이 해수면보다 낮다. 그리고 국토의 절반만이 해수면보다 1미터 높다. 그래서 중세시대부터

'낮은 나라'라고 불렸다. 이렇게 땅이 낮기 때문에 폭풍이 불어 홍수나 해일이 발생하면 큰 피해를 입을 수밖에 없어 살기 좋은 땅은 아니었다. 그래서 네덜란드는 바닷가에 둑이나 제방을 높이 쌓아 바닷물이 넘쳐 들어오는 걸 막았다. 하지만 겨울철 대서양에서 폭풍우가 크게 발달해서 북해(the North Sea)로 접근해오면 늘 침수의 위험에 놓이곤 했다. 그리고 그 정점을 찍은 것이 1953년에 발생한 북해 대홍수였다.

1953년 1월 31일 저녁부터 2월 1일 아침 사이에 평균 해수면보다 5.6미터 높은 해일이 네덜란드 연안을 덮쳤다. 이렇게 높은 해일이 생긴 건 태양과 달이 일직선으로 놓여서 밀물과 썰물 때 해수면의 차이가 가장 커지는 시점인 '사리'에 해일이 밀려왔기 때문이다. 거기다가 폭풍에 의한 강한 바람이 바닷물을 추가로 밀어 올리면서 바닷물의 높이가 한번도 경험하지 못했던 수준까지 상승했다. 당시 네덜란드의 기상예보는 낮 시간 동안에만 이루어졌기에 제방을 타고 넘어 들어오는 바닷물이 무방비 상태로 잠들어 있던 많은 사람에게 최악의 피해를 입혔다. 1836명이 사망했고, 가옥 4만 7300채가 부서졌으며, 네덜란드 농지의 9퍼센트가 물에 잠겼다. 특히 로테르담 남쪽 네덜란드 남부 지방은 피해가 커서 대부분의 사망자와 재산피해가 이곳에서 발생했다. 네덜란드뿐 아니라 영국, 벨기에에서도 큰 피해가 있었지만 네덜란드가 가장 큰 타격을 입었다.

이후로 네덜란드에서는 이러한 침수 피해가 또다시 발생하는 걸 근본적으로 막기 위해 델타 웍스(Delta Works)라는 해안 보전 정책을 수립하게 된다. 그리고 이 정책을 토대로 네덜란드 바닷가를 따라서 댐과 제방 그리고 가동식 폭풍해일 장

델타 웍스(출처: Wikipedia by Classical geographer, OpenStreetMap.org)

벽을 만드는 대규모 건설사업을 1954년에 시작해서 1997년까지 40년에 걸쳐 지속적으로 시행했다.

특히 1997년에 만든 '매스란트케링(Maeslantkering)'과 '하르텔케링(Hartelkering)' (네덜란드어 kering은 물을 막는 둑을 뜻하며, 영어로는 barrier를 의미함)은 배가 다니는 수로에 설치해서 평상시에는 배가 자유롭게 다니다가, 해일이 발생하면 수로를 막을 수 있도록 만들어진 독특한 구조물이다. 현재 네덜란드는

**매스란트케링**

하르텔케링(출처: Quistnix at nl.Wikipedia)

중요 해안구조물에 대해서는 1만 년 빈도의 설계를 하고 있다. 즉 1만 년에 한 번 발생할 수 있는 폭풍에 대비해서 해안구조물을 짓고 있다. 여기에는 다시는 폭풍에 의한 침수 피해를 입지 않겠다는 네덜란드 사람들의 의지가 담겨 있다고 할 수 있다.

이처럼 자연재해의 위협을 극복하기 위해 애쓴 오랜 과정에서 네덜란드 해안공학은 크게 발달하였다. 그리고 그 기술을 활용해서 이제는 침수, 범람 위기를 겪고 있는 전 세계의 다른 나라들에 진출해 다양한 사업과 활동을 벌이고 있다.

물론 뉴 델타 플룸과 같은 대규모 시설을 건설하는 이유는 네덜란드 해안에 밀려오는 파도를 조파수조 안에서 실세에 가깝게 재현하려는 것이다. 그렇지만 부가적으로는 세계 각국의 정부와 기업들로부터 그 나라의 연안재해 문제를 해결하는 데 필요한 여러 사업을 진행하는 데 도움이 되기 때문이다. 이렇게 공학적인 분야에서의 연구는 어떤 현상을 깊이 조사하고 이해해서 그 이치를 밝히는 것으로 끝나는 것이 아니라 현실에서 겪는 어려운 문제들을 해결하고 더 나은 방법을 찾는 데까지 이르는 것이 중요하다.

## 해양공학수조

파도 발생장치를 이용해서 할 수 있는 일 중 한 가지는 선박의 성능을 평가하는 것이다. 조그만 낚싯배는 배를 만들기 전에 실험을 해볼 필요가 없겠지만 대형 선박은 배를 만들기 전에 운항 성능이 적당한지, 그리고 거친 파도에서 잘 버틸 수 있는지를 조파수조에서 미리 시험해봐야 한다. 이렇게 선박이나 깊은 바다에 설치되는 구조물의 파도 실험을 할 수 있는 수조를 해양공학수조라고 한다. 부산항이나 인천항에 가보면 컨테이너(container)를 한가득 실은 배를 볼 수 있는데 이런 대형 컨테이너선의 가격은 크기에 따라 몇천억 원에서 1조 원을 넘기도 한다. 그렇기 때문에 배를 다 만들고 나서 문제점이 발견되면 곤란하다. 사전에 해양공학수조에서 다양한 조건에 대해 실험과 테스트를 하여 선박의 기능을 평가하는 이유가 바로 여기에 있다.

2017년 현재 세계에서 가장 큰 컨테이너선은 OOCL이라는 홍콩 해운회사가 가지고 있는데, 2만 1413개의 컨테이너를 배에 실을 수 있다. 컨테이너는 화물을 옮길 때 사용하는 규격화된 박스이며 철판으로 만들어진다. 컨테이너 안에 짐을 넣으면 운반하기 쉽고 잠시 보관하기에도 좋기 때문에 선박 운송의 표준으로 자리 잡게 되었다.

컨테이너 박스의 표준형 크기는 길이 20피트(6.1미터), 폭 8피트(2.4미터), 높이 8.5피트(2.6미터)이다. 20피트 길이의 컨테이너가 가장 널리 쓰이고, 보통 TEU(Twenty-foot Equivalent Unit)라고 부른다. 이 컨테이너를 2만 1413개 실을 수 있는 2만 1413TEU 선박은 우리나라 삼성중공업에서 만들었으며, 길이 400미터, 폭이 59미터에 달한다. 대략 축구장 네 개에 해당하는 면적이고, 이 선박을 만드는 데 1조 천억 원(95억 달러)의 비용이 들었다.

한국해양과학기술원 부설 선박해양플랜트연구소(KRISO)에 해양공학수조가 있는데 우리나라에서 선박과 해양구조물의 성능시험이 가장 많이 이루어지는 곳 중의 하나이다. 1998년 대전 대덕연구단지에 만들어진 이 해양공학수조에서 지금까지 200번 이상의 실험이 이루어졌으니, 1년에 열 개 이상의 다양한 해양구조물에 대한 실험이 이루어진 셈이다. 이 수조는 길이 56미터, 폭 30미터, 깊이 4.5미터 크기이고, 파도는 물론 바람, 흐름 발생장치도 함께 있어 그야말로 작은 바다와 다름없는 환경을 만들어낼 수 있다.

그런데 특별히 수심이 깊게 만들어진 해양공학수조도 있다. 네덜란드 바헤닝언(Wageningen)에 위치한 MARIN(Maritime Research Institute Netherlands) 연구소에는 길이 45미터, 폭 36미터, 깊이 10.2미터의 해양공학수조가 있는데, 수조 한가운데 바닥에 지름 5미터, 깊이 20미터의 큰 구멍이 뚫려 있다. 즉, 수조의 수면으로부터 30미터 깊이까지 내려가는 구멍이 있는 셈이다. 이렇듯 아파트 10층 높이에 해당하는 깊은 구멍을 파놓은 이유는 선박뿐 아니라 깊은 바다 땅속에 묻혀 있는 석유를 시추하는 특수 선박을 실험하기 위해서이다. 시추(試錐)란 땅속에 묻힌 자원을 파내거나 땅속의 구성 성분을

선박해양플랜트연구소의 해양공학수조

조사하기 위해 땅에 깊숙한 구멍을 뚫는 것을 말한다.

바다에서 석유를 시추하는 선박은 배 아래에서 수 킬로미터 바다 밑바닥까지 케이블을 내려뜨린다. 그렇기 때문에 배는 물론, 배 아래쪽으로 연결된 긴 케이블이 파도에 잘 버티도록 설계하는 것도 중요하다. 따라서 이런 특수 선박의 실험을 할 때는 선박의 성능과 함께 케이블의 특성도 살펴봐야 하는데, 이때 수심이 아주 깊은 수조가 필요하다. MARIN 해양공학수조의 깊은 구멍에서 축척 100분의 1로 실험을 한다면 실제 바다에서 수심 3000미터까지 실험이 가능하다. 그런데 수조 전체 면적을 깊게 만들면 넓은 면적의 땅을 깊이 파야 하고, 사방의 벽도 높은 수압에 버틸 수 있게 튼튼하게 만들어야 하므로 비용이 많이 든다. 그래서 수조 가운데 일부 구간에서만 특수 선박 실험을 하고 나머지 면적으로는 보통의 선박 실험을 할 수 있도록 수조를 만든 것이다.

석유를 시추하는 선박을 영어로는 드릴쉽(Drill ship)이라고 한다. 벽에 구멍을 뚫는 공구를 '드릴'이라고 하는 것처럼 구멍을 뚫는 배라는 뜻이다. 드릴쉽은 배 아래에서 수 킬로미터 바다 밑바닥까지 케이블을 내린 다음 거기서부터 또다시 수 킬로미터 아래로 바다 밑바닥을 뚫고 들어간다. 수심이 깊거나 해저 깊은 곳에 매장된 원유 또는 가스를 캐내는 경우에는 케이블의 길이가 10킬로미터를 넘기도 한다. 이렇게 바닷물을 통과하여 그 아래 땅속에 자원이 묻힌 곳까지 빨대처럼 긴 관을 파놓으면 나중에 석유를 추출하는 전용 선박이 와서 원유나 가스를 추출해서 끌어 올린다.

이렇게 긴 관이 바다 깊숙한 땅속까지 연결되어 있기 때문에 일단 시추가 시작되면 배가 움직이지 않고 한곳에 고정되어 있어야 한다. 수심이 얕은 바다에서는 바다 밑바닥으로 닻을 내리면 배가 한자리에 머무를 수 있다. 그런데 닻

드릴쉽 퍼시픽 보라(Pacific Bora) (출처: Wikipedia by Jacklee)

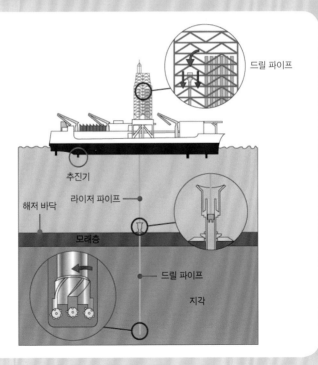

드릴 파이프

추진기

해저 바닥

라이저 파이프

모래층

드릴 파이프

지각

드릴쉽의 원리

을 내릴 수 있는 길이에 한계가 있기 때문에 수심이 깊은 바다에서는 닻을 쓸 수가 없다. 대신 위성항법장치와 추진기(Thruster)를 이용해서 선박의 위치를 고정시킨다.

위성항법장치는 지구상의 물체의 위치를 알려주는 시스템으로 보통 GPS라고 많이 부른다. 우리가 매일 사용하는 스마트폰에도 GPS 센서가 들어 있어서 낯선 곳에 가더라도 자신이 어디에 있는지 금방 알 수 있다. 한편, 추진기는 물이나 공기의 반동(reaction)으로 움직이는 엔진을 의미한다. 우주 공상 영화를 보면 우주선에 선풍기 모양의 추진기가 여러 개 달려 있는 걸 볼 수 있다. 이 추진기를 돌려서 공기를 뒤로 밀면 우주선은 앞으로 나아가는 추진력을 얻게 된다. 석유 시추선에는 배 밑바닥에 이와 비슷한 추진기가 여러 개 달려 있는데, 이 추진기들을 이용해서 선박의 위치를 조정한다. 추진기는 360도 회전할 수 있고 세기를 조절할 수도 있어서 선박의 위치를 원하는 대로 제어하는 것이 가능하다.

이렇게 GPS로 선박의 위치를 파악하고, 여러 개의 추진기를 작동시켜서 닻이 해저에 닿지 않는 깊은 바다에서도 선박은 한곳에 머무를 수 있다. 해상에서 높은 파도가 치더라도 이런 장비들을 이용해서 선박의 위치를 실시간으로 조정하기 때문에 석유시추선이 흔들리지 않고 안정적으로 시추 작업을 계속할 수 있다.

이처럼 대형 컨테이너선이나 석유 시추장비는 바다의 극한 환경에 맞서 싸우면서 중요한 일을 해야 하므로 해양공학수조에서 모형실험을 통해 성능에 문제가 없는지 꼼꼼히 살펴봐야 한다. 그리고 만약 문제점이 발견될 경우 목표로 하는 성능이 달성될 때까지 선박의 모양이나 기능을 몇 번이고 바꿔서 계속 실험을 한다. 그렇기 때문에 규모가 크고 값이 비싼 선박일수록 해양공학수조에서 다양한 조건, 즉 파도, 흐름, 바람에서 오랜 시간을 들여 선박의 성능을 평가한다.

해양공학수조에서 선박이나 석유 시추장비의 실험만 이루어지는 것은 아니다. FloWave에서처럼 파력발전 장치 또는 해상에 설치되는 풍력 발전기의 성능 평가를 위한 실험도 최근에는 많이 이루어지고 있다. 또 깊은 바다에서 소리가 어떻게 전달되는지 수중 음향에 관한 연구도 가능하다.

그런데 특이하게도 연어 양식에 관련된 실험이 종종 이루어지는 곳이 있다. 바로 노르웨이 트론헤임(Tronheim)에 위치한 SINTEF 해양(Ocean) 연구소이다. 트론헤임은 노르웨이의 수도 오슬로(Oslo)에서 서울과 부산의 거리보다 조금 더 먼 500킬로미터를 더 북쪽으로 올라가면 있는 도시이다. SINTEF 해양 연구소에 있는 길이 80미터, 폭 50미터, 수심 10미터의 해양공학수조에서는 연어 양식 구조물의 성능을 평가하는 실험이 종종 이루어진다.

노르웨이 사람들에게 연어는 주된 단백질 공급원 중 하나일 뿐만 아니라 수산업의 큰 기반이기도 하다. 연어는 강에서 태어나 바다에서 대부분의 일생을 보내다 알을 낳을 때가 되면 다시 강으로 돌아온다. 대서양에서는 그린란드와 북유럽, 미국과 캐나다 동부 해안 일대에 분포했지만 지금은 거의 멸종 위기에 놓여 있다. 태평양 쪽에 사는 연어도 사정은 비슷해서 자연산 연어는 찾아보기 어렵다. 마트에서 볼 수 있는 연어는 99퍼센트 이상이 양식으로 길러진 것이다. 노르웨이는 1970년 세계에서 처음으로 연어 양식을 시작했고, 노르웨이 해안선을 따라 들어선 1070여 개의 양식장에서 전 세계 유통량의 절반 이상을 공급하고 있다.

연어는 알이 크고 영양분이 많이 들어 있어 부화시키기 쉽고 양식에도 유리한 어종이다. 어느 정도 크기로 자라기 전까지 실내의 조그마한 물통에서 키우다가 이후 바다로 옮겨서 큰 울타리를 치고 그 안에서 연어가 다 자랄 때까지 기른

먼바다 연어 양식 전경(출처: Wikipedia by Erik Christensen)

다. 이렇게 연어를 가두어두는 울타리를 가두리라고 한다. 예전에는 섬 안쪽 같은 파도가 잔잔한 곳에서 양식을 했지만, 최근에는 파도가 제법 높게 치는 먼바다까지 나가서 가두리 양식을 하고 있다. 육지와 접근성도 좋고 관리하기도 쉬운 가까운 바다를 떠나 먼바다까지 나가서 양식을 하는 이유는 연어 배설물에 대한 환경 우려 때문이다. 한꺼번에 워낙 많은 연어를 기르기 때문에 연어 배설물이 해저에 쌓이는 양도 상당해서 주변 해양 생태계에 악영향을 미치게 된다. 반면에 먼바다로 나가면 파도가 세고 바닷속 흐름도 세기 때문에 연어 배설물이 한곳에 쌓이지 않고 사방으로 흩어져서 이런 문제에 대한 걱정을 덜 수 있다.

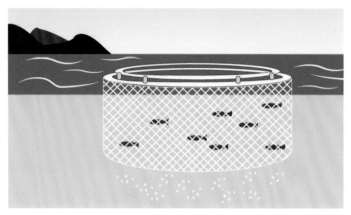

먼바다 연어 양식 개념도

　그렇지만 먼바다로 나가려면 가두리를 더 크고 튼튼하게 만들어야 한다. 가두리는 보통 원통형 모양인데 먼바다 양식을 위해 개발된 구조물은 지름 110미터, 깊이 50미터에 달한다. 노르웨이 SINTEF 해양 연구소에서는 이 가두리 구조물의 모형을 만들어서 북해의 겨울철 폭풍에 안정적으로 버틸 수 있는지를 실험을 통해 살펴봤다. 그 결과 강한 파도와 흐름이 칠 때 가두리를 붙잡고 있는 체인이 심하게 흔들리면서 그물이 찢어지는 현상이 발견되었다. 그러자 원래의 디자인을 변경해서 가두리 모형을 다시 만들어서 실험을 해보았고, 마침내 성능이 훨씬 좋아진 결과를 얻을 수 있었다. 그 후 특허 출원과 실제 구조물의 제작이 이루어져 먼바다 양식을 시

노르웨이의 아쿠아라인(Aqualine) 양식 구조물 성능 평가

작했으며, 앞으로 이런 먼바다 가두리 양식장은 점점 많아질 것으로 예상된다.

### 수중로봇 시험수조

경상북도 포항시에는 최근 운영을 시작한 수중로봇 복합실증센터(UTEC)가 있다. 이곳은 최근 해양공학 분야에서 큰 관심을 받고 있는 수중로봇(Underwater robot)의 통신과 작업 성능을 시험할 수 있는 시설을 갖추고 있다. 수중로봇이 필요한 이유는 물속에서 사람이 할 수 없거나 위험한 작업을 로봇이 대신 하기 위해서이다.

가장 대표적인 수중로봇은 원격무인잠수정(ROV: Remotely

Operated Vehicle)이다. 이 로봇을 배에 연결된 긴 케이블로 전원을 공급하여 카메라나 각종 센서를 이용해서 조종한다. 원격무인잠수정은 물속 환경을 탐사하고 수중 구조물을 점검하고 고치는 일을 한다. 인간 잠수부가 위험을 무릅쓰는 일을 대신하는 로봇이라고 할 수 있다. 이와 비슷한 일을 하지만 배터리를 탑재하여 자체 동력으로 움직이면서 사람이 조종하지 않아도 스스로 맡은 임무를 수행하는 로봇은 자율무인잠수정(AUV: Autonomous Underwater Vehicle)이라고 한다.

수중로봇을 이용하면 사람이 도저히 할 수 없는 일도 해낼 수 있다. 바닷속 수백, 수천 미터 깊이에 있는 석유 시추장비나 해저플랜트 시설의 이상 여부를 점검하는 데는 수중로봇이 꼭 필요하다. 탐사나 조사 임무에 그치지 않고 상당한 힘이 필요한 작업을 해내는 로봇도 있다. 이런 로봇을 이용하면 바다 밑바닥 땅속에 케이블을 묻거나 깊은 바닷속에 매장된 광물 자원을 캐낼 수 있다. 또한 수중에서 무거운 돌을 나르거나 땅을 다지는 등 각종 공사를 효율적으로 할 수 있다.

수중로봇은 이처럼 다양한 용도로 활용되는 만큼 그 크기도 다양하다. 단순한 조사나 탐사만을 위한 로봇은 사람이 들 수 있을 정도로 비교적 작지만 수중에서 힘든 일을 하는 로봇은 집채만큼 큰 것도 있다. 이렇게 용도와 크기가 제각각이어서 수중로봇을 만드는 데 드는 비용도 적게는 수억 원에서 많게는 수백억 원에 이른다.

수중로봇을 개발하는 과정에도 시간이 많이 걸린다. 시장에서 팔릴 제품을 본격적으로 생산하기 전에 시험 제품을 만들어서 로봇에 부착된 각종 센서와 장비가 제대로 작동하는지를 하나하나 점검해야 하기 때문이다.

우선 공기 중에서 로봇의 성능을 확인하고 부족한 점을 발견하면 관련된 디자인이나 기능을 고쳐야 한다. 공기 중 성능이 어느 정도 만족스러우면 다음으로 수중로봇 복합실증센터와 같은 실험시설에서 수조 실험을 진행한다. 공기 중에서 잘 작동하던 장비들도 물속에 집어넣으면 종종 문제를 일으키는데, 물의 밀도는 공기보다 1000배가 크기 때문에 장비를 움직이는 데 그만큼 큰 동력이 필요하다. 또한 수중로봇의 어느 한 곳이라도 수밀(기계 또는 장치의 어느 부분에 채워진 물이 밖으로 새지 않고 밀봉되어 있는 상태 또는 그 작용)이 완벽하지 않으면 물이 침투하여 장비 오작동을 일으킬 수 있다. 이런 수조 실험을 통해 수중로봇의 디자인 및 장비 사양 등을 다시 검토하고 미비한 점들을 개선한다. 그리고 이 과정을

**수중로봇 복합실증센터의 실험**

모두 마치면 배에 싣고 먼바다로 나가서 장비의 최종 실험을 실해역에서 진행하게 된다.

수중로봇 복합실증센터에는 길이 35미터, 폭 20미터, 수심 9.6미터의 3차원 수조와 길이 20미터, 폭 5미터, 수심 6.2미터의 회류(回流)수조가 있다. 3차원 수조는 수중로봇의 부속품들의 방수가 완벽한지, 로봇이 물속에서 사람이 조종하는 대로 정확하게, 그리고 자연스럽게 움직이는지를 시험할 수 있는 좋은 환경을 제공한다. 그리고 이 시설을 이용하여 수중로봇의 경진대회 및 체험 교육 등 전문인력을 양성하는 일도 이루어지고 있다.

한편, 회류수조란 물이 계속 돌도록 만든 수조를 말한다. 우리 몸에서 심장이 혈관으로 피를 계속 내보내서 온몸을 돌게 만드는 것처럼 회류수조에는 펌프와 파이프 배관이 연결되어 있어 물이 수조와 파이프 배관을 반복해서 돌고 돈다. 회류수조의 시험 구간에서는 물이 한쪽 면으로 들어와 다른 쪽 면으로 나가는 흐름이 일정하게 형성된다. 그리고 이 시험 구간에는 수중로봇의 모형과 계측 장비들을 설치해서 실험을 할 수 있도록 여러 장비들이 갖추어져 있다.

수중로봇 복합실증센터에서는 최대유속 1.75m/s까지 강한 흐름을 만들어 수중로봇이 성능을 잘 발휘하는지를 실험할 수 있다. 깊은 바닷속이라도 물이 고요히 머물러 있는 것이 아니라 때때로 강한 해류가 흐를 수 있다. 그런 환경에서도 로봇이 넘어지거나 뒤로 밀리지 않아야 한다. 그렇기 때문에 회류수조에서 빠른 유속을 재현하여 수중로봇이 강한 흐름을 이겨내고 스스로의 자세를 잘 유지하는지를 평가한다.

또한 이곳에는 카메라를 이용한 정교한 실내 위치 측정 시스템이 갖춰져 있어 로봇의 자세 제어 실험을 하는 데 최적의 환경을 제공하고 있다. 그리고 최대 30톤까지 무거운 물체를 들어서 위아래로, 옆으로 옮길 수 있는 장비인 호이스트(Hoist)가 설치되어 있어 수중로봇을 수조에 집어넣거나 꺼내는 일을 편리하게 할 수 있다.

수중로봇 복합실증센터에는 물속의 흐름 패턴을 눈으로 쉽게 알아볼 수 있도록 만들어주는 유동가시화(流動可視化) 장비의 일종인 PIV(Particle Image Velocimetry)도 갖춰져 있다. 일반적인 유속 계측장비는 센서가 달린 긴 막대기를 물속에 집어넣어서 센서가 위치한 한 점에서의 유속만을 계측할 수 있다. 그런데 유동가시화 기법을 이용하면 센서를 물속에 집어넣지 않고도 특수 카메라를 이용하여 어떤 관심 영역의 유속을 한꺼번에 계측해서 시각적으로 나타낼 수 있다. 예를 들어 어항 속의 물고기가 헤엄칠 때 꼬리지느러미 근처의 흐름이 어떤지를 크기와 방향이 다른 여러 개의 화살표로 나타내어 직관적으로 이해하기 쉽게 표현할 수 있다.

유동가시화 기법 중 최근에 가장 널리 사용되고 있는 것이 앞에서 말한 PIV라고 불리는 입자영상유속계이다. 이 기법

PIV 실험 장면

은 관심 있는 영역에 레이저 빛을 얇은 막처럼 만들어서 쏘아 보낸 후, 물속에 아주 작은 입자를 뿌려 레이저 빛에 반사된 입자만을 고속카메라로 연속 촬영하여 유속을 측정한다. 물의 비중과 비슷한 입자를 사용하기 때문에 물속에 뿌려진 입자들은 그 위치에서의 흐름을 따라 제각각 움직이게 된다.

따라서 연속 촬영한 사진으로부터 입자들이 움직인 거리를 이미지 분석을 통해 계산하고 두 사진 사이의 시간 간격으로

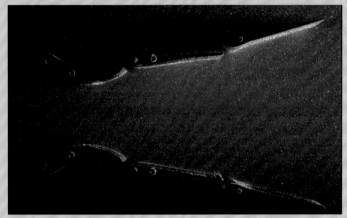

PIV 실험에 의한 수중 흐름 조절장치 주변의 형광입자 촬영 사진

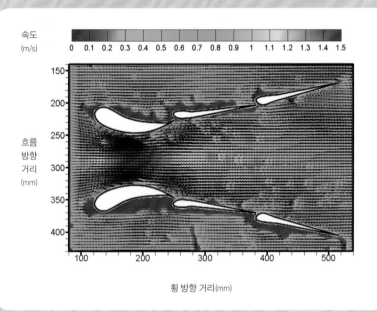

수중 흐름 조절장치 주변의 속도 분포

나누면 사진에 찍힌 영역 내의 공간적인 속도 분포를 한꺼번에 파악할 수 있다.

이렇듯 수중로봇 복합실증센터에서는 PIV 시스템을 이용해 수중로봇이 움직일 때 로봇 주변의 흐름이 어떻게 변하는지 관찰한다. 그리고 그 결과를 토대로 로봇의 각 구성 요소를 개선하고 전체적인 성능을 높이는 연구를 할 수 있다.

## 바닥기울임 조파수조

지금까지 3장에서 설명한 수조들은 모두 상당히 큰 편인데, 이러한 수조를 짓는 데는 수백억 원가량의 막대한 건설비가 필요하다. 또한 이런 수조에서 한 번 실험을 하는 데에도 상당한 비용이 든다. 그렇기 때문에 이런 수조들에서는 어떤 구조물을 바다에 설치하기 전 최종 점검 차원의 실험이 이루어진다.

이와는 정반대로 기존에 없었던 새로운 파도 발생방법 또는 장치의 생각이 떠올랐을 때 그것을 신속하게 검증해보기 위해서 조파수조를 만들기도 한다. 보통 이런 조파수조는 연구실 한쪽에 둘 수 있을 정도로 작은 규모이다. 따라서 비용도 얼마 들지 않고 금방 만들어 쉽게 테스트를 해볼 수 있다는 장점이 있다. 만약 테스트를 해보고 좋은 결과를 얻게 되면 추가로 연구비를 확보해서 조금 더 큰 장비를 만들 수 있는 가능성이 생길 수 있다.

스코틀랜드 던디(Dundee)대학교의 박용성 교수가 바닥기울임 조파수조를 만든 과정도 이러했다. '바다'라는 이름의 시베리안 허스키와 함께 이른 아침 테이강(Tay River)과 북해(North Sea)가 만나는 하구(河口)에서 산책을 즐기는 박 교수는 대학원생 시절부터 지진해일에 관한 연구를 해왔다. 그는 매일 같은 시간에 테이강 하구에 나가서 북해에서 밀려오는 파도를 물끄러미 관찰하고 돌아오는데, 어느 날 문득 새로운 지진해일 조파장치에 관한 생각이 떠올랐다고 한다.

1장에서 설명한 대로 지진해일은 바다 밑바닥의 땅이 갑자기 위로 솟아오르거나 밑으로 꺼질 때 생긴다. 그런데 지금까지 만들어진 지진해일 발생장치는 모두 판으로 물을 밀어내는 방식(피스톤 방식)이나 공기를 넣거나 빼는 방식(공기펌프 방식)이었다. 왜 실제 지진해일처럼 바닥을 솟아오르게 또는 꺼지게 하는 조파수조는 없을까? 그런 조파수조를 만들려면 어떻게 해야 할까?

이런 의문을 가지고 박 교수는 연구실에 출근해서 새로운 형태의 조파수조 디자인을 구상하며 스케치를 그려나갔다. 박 교수 생각에는 창문이나 출입문에 매달아 문을 열고 닫을 때 쓰는 경첩 구조를 응용하면 수조 바닥을 움직일 수 있을 것 같았다. 이런 경첩 구조를 수조 바닥에 설치하고 전기모터를 달면 수조 바닥을 위아래로 움직일 수 있게 할 수 있다는 확신이 들었다. 당장은 연구비와 실험실 공간이 충분하지 않았기 때문에 처음부터 큰 수조를 만들 수는 없어서 먼저 길이 2미터, 폭 10센티미터의 작은 장치를 만들어보기로 했다.

  박 교수는 던디대학교 공작실(Workshop)에서 근무하는 전문기술자와 의논하고, 이 수조를 만드는 데 필요한 전기 및 기계장치를 구입하여 마침내 조파수조를 만들었다. 그리고 이 장치를 바닥기울임(bottom tilting) 조파수조라고 이름 붙였고, 바닥을 움직여서 만들어지는 파도의 형상을 수학이론으로 설명할 수 있는 공식도 함께 만들었다. 마침내 수조에 물을 채우고 바닥판을 움직여서 파도를 만들어보니 그 모양이 머릿속으로 그리던 것과 비슷해보였다. 더욱 정밀한 분석을 위해서 바닥기울임 조파수조에서 만들어진 파도의 실험 데이터를 기록해서 박사과정의 학생과 함께 분석해보니 이론적 공식과도 잘 일치하였다.

바닥기울임 조파수조에 대한 박용성 교수의 실험과 이론적 연구 내용은 2017년 해안공학 분야의 저명한 잡지 〈코스탈 엔지니어링Coastal Engineering〉에 실렸다. 이 연구 결과는 지진해일을 연구하는 많은 학자들에게 큰 관심을 받고 있다. 이 연구 결과가 최근에 밝혀진 지진해일의 속성과 잘 일치하기 때문이다. 바다에서 발생하는 지진해일이 실제로 어떤 모양인지는 아주 최근까지 알려져 있지 않았다. 수심이 깊은 먼바다에서 지진해일을 관측한 자료가 이제까지 없었기 때문이다.

그런데 2011년 동일본 대지진이 발생했을 때 비로소 지진해일의 파도 모양을 제대로 관측하게 되었다. 당시 큰 지진해일이 밀어 닥쳤던 후쿠시마(福島), 미야기(宮城), 이와테(岩手) 지방의 먼바다에 설치된 파랑 관측장비를 통해 지진해일의 초기 파도 모양을 알 수 있게 되었기 때문이다. 연구자들이 당시 관측된 지진해일의 모양을 분석해본 결과, 고립파(孤立波) 이론보다 지진해일의 수평 길이가 훨씬 더 길다는 것이 밝혀졌다. 이것은 지진해일이 내륙을 덮치면 고립파보다 더 오랜 기간 동안 물이 계속 밀려오게 됨을 의미한다.

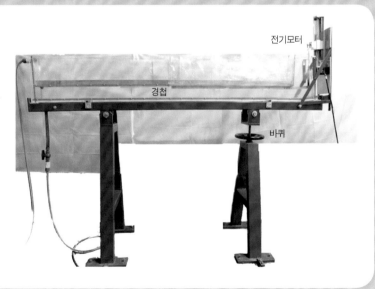

바닥기울임 조파수조

과거 수십 년간 지진해일 연구에서 널리 활용되었던 고립파 이론과 관련 실험은 공기와 물이 만나는 경계면인 수면 근처의 에너지를 변화시켜 파도를 만드는 방식이었다. 반면에 박 교수의 이론과 실험은 물과 바닷속 땅이 만나는 경계면인 해저면 근처의 에너지를 변화시켜 파도를 만드는 방식이다.

박 교수가 새로운 이론과 이를 검증할 실험 장치를 만들게 된 것도 고립파 이론이 지진해일의 특성을 설명하는 데 한계가 있다는 것이 분명해졌기 때문이다. 기존 이론의 한계가 드러났으니 새로운 이론적 접근이 필요했다. 그리고 바다에서 실제 지진해일이 만들어지는 것과 같은 원리로 조파수조에서 파도를 만들 수 있다면 지진해일에 가까운 특성을 가지게 될 것이라고 예상했던 것이다. 지진해일은 해저지진이 발생해서 바다 밑바닥 땅이 솟아오르거나 꺼질 때 발생하는 현상이므로, 박 교수의 조파장치가 지진해일의 속성을 더 잘 설명하게 된 건 당연한 일이었다.

그런데 어쩌면 박 교수의 연구도 2011년 동일본 대지진이 발생했을 때 일본 연안에 관측된 파랑 관측장비가 없었다면 시작되지 않았을지도 모른다. 그때 관측된 지진해일의 모양이 지금까지 알려진 것과 달랐기 때문에 새로운 연구가 이루어지게 되었다고 할 수 있다. 즉 고립파에 대한 과거의 연구가 있었고, 거기에 더해 먼바다에서의 지진해일 관측 자료가 연구자들에게 알려졌기 때문에 새로운 연구가 탄생했던 것이다.

이처럼 획기적인 연구는 어느 날 갑자기 새롭고 참신한 생각이 떠올라서 이루어지는 것이 아니다. 오히려 어떤 현상에 대한 궁금증과 의문이 오랜 시간 지속되다 보면 자연스럽게 연구가 시작되는 경우가 많다. 기존에 수많은 연구자들이 계속 탐구를 하면서 쌓아온 지식의 탑 위에 약간의 새로운 지식을 더하는 것이 바로 연구인 셈이다.

2장에서도 말했듯이 일본은 지진이 자주 발생하고, 지진해일에 의한 피해도 여러 번 겪은 나라이다. 그래서 일본을 둘러싼 바다 여러 곳에는 파랑 관측장비가 여러 개 설치되어 운영되고 있다. 그중에서도 일본 정부가 운영하는 항만해양파랑정보망(NOWPHAS)에는 일본 동해안 먼바다에 위치한 파랑 관측기기가 20개 이상 있다. 만약 해저지진이 발생하게 되면 이 파랑 관측기기가 지진해일을 감지하여 그 신호를 관련 기관에 실시간으로 보낸다. 개가 낯선 사람이 나타나면 큰 소리로 짖어서 주인이 주의를 기울이게 하는 것과 마찬가지이다. TV 방송 등으로 지진해일 경보를 접하게 되면 사람들은 신속하게 대피할 수 있고, 인명피해를 크게 줄일 수 있다.

우리나라는 일본에 비해 지진이 자주 발생하지 않아서 지진해일도 거의 발생하지 않는 편이다. 그러나 일본 서해안 쪽에서 해저지진으로 인한 지진해일이 발생하면 동해를 건너 우리나라 동해안 쪽까지 도달한다.

실제로 1983년과 1993년에 이런 상황이 발생하여 강원도 삼척시 임원항을 비롯한 동해안 곳곳에서 지진해일 피해를 입은 적이 있다. 1983년의 경우에는 인명피해도 발생했다. 더 오래전으로 거슬러 올라가면 조선 인조 21년인 1643년에 울산 앞바다에서 진도 6.5~7.0으로 추정되는 강한 지진으로 지진해일이 발생했다는 기록이 남아 있다. 그렇기 때문에 지진해일에 대해 안전하다고 안심해서는 안 된다. 지진과 지진해일에 대해서 계속 관심을 가지고 우리나라 주변 바다 여러 곳에서 파도를 꾸준히 관측하면서 유사시 효율적으로 작동할 수 있는 대피 경보체계를 잘 정비해둘 필요가 있다.

## ■ 참고문헌

박우선·송원오, 2014, 『지속가능한 연안개발』(해양과학총서 6), 한국해양과학
기술원.

H. Lu 외 2인, 2017, "Modelling of long waves generated by bottom-tilting wave maker", *Coastal Engineering*, Vol. 122, pp.1~9

R.G. Dean 외 1인, 1991, *Water Wave Mechanics for Engineers and Scientists*, World Scientific Publishing Company.

S.A. Hughes, 1993, *Physical Models and Laboratory Techniques in Coastal Engineering*, World Scientific Publishing Company.

## ■ 참고사이트

Edinburgh Designs(www4.edesign.co.uk)

Whitewater(www.whitewaterwest.com)

ABC Science(www.abc.net.au/science)

GoodFishBadFish(goodfishbadfish.com.au)

Marine Technology News(www.marinetechnologynews.com/blogs)

gCaptain(gcaptain.com)

World Meteorological Organization's World Weather & Climate Extremes Archive(wmo.asu.edu/content/world-highest-wave-shipobservation)

# ■ 사진을 제공해주신 분들

국립과천과학관 : 웨지 방식의 조파장치 40쪽

김민욱(한국해양과학기술원) · Hans Olav Ruø(Aqualine in Norway) : 노르웨이의 아쿠아라인(Aqualine) 양식 구조물 성능 평가 131쪽

김지훈(한국해양과학기술원) : PIV 실험 장면 137쪽, PIV 실험에 의한 수중 흐름 조절장치 주변의 형광입자 촬영 사진, 수중 흐름 조절장치 주변의 속도 분포 138쪽

김지훈 · 장인성(한국해양과학기술원) : 수중로봇 복합실증센터의 실험 131쪽

김진하 · 성홍근(선박해양플랜트연구소) : 선박해양플랜트연구소의 해양공학수조 123쪽

박용성(University of Dundee) · 전준철(해양수산부) : 바닥기울임 조파수조 143쪽

이달수(혜인이엔씨) : 단면 조파수조 실험 사례(해수교환방파제 안정성 평가) 45쪽, 평면 조파수조 실험 사례(해수교환방파제 적용성 검토) 53쪽

해양경찰교육원 : 해양경찰교육원 해상구조훈련장에서의 훈련 모습 64, 65쪽

Alexander Schendel · Nils Goseberg(Gottfried Wilhelm Leibniz Universität Hannover) : 독일 하노버대학의 다방향 조파수조 54쪽

Alison Raby(University of Plymouth) : 플랩 방식의 조파장치 39쪽

American Wave Machines : 실내 파도타기 풀장 73쪽

Ian Chandler · William Allsop(HR Wallingford) : HR 월링포드의 지진해일 발생장치 구조(컴퓨터 그래픽 이미지), 지진해일 발생장치를 이용한 실험 준비 모습 79쪽

Guillermo Calviño · Jesus Fernandez Borrell(VTI) : 스페인 그라나다대학의 풍동 조파수조 83쪽, 스페인 그라나다대학의 풍동 조파수조 구조 84쪽

Jamie Grimwade · Thomas Davey(FloWave) : FloWave의 원형 조파수

조 91쪽, FloWave 일반 공개의 날 모습 99쪽

Kojiro Suzuki(Port and Airport Research Institute) : 가마이시 방파제 피해

전, 피해 후 82쪽

Laetitia Skinner(MaxSea TIMEZERO in Spain) : 나자레 협곡 해저지형

(MaxSea TIMEZERO 컴퓨터 그래픽 이미지) 20쪽

Marcel van Gent(Deltares) : 델타레스 단면 조파수조에서의 해양쓰레기

포집 실험 62쪽, 뉴 델타 플룸 111쪽

Rijkswaterstaat in Netherlands : 매스란트케링 118쪽